声音简史

SONIC WONDERLAND
A SCIENTIFIC ODYSSEY OF SOUND

[英] 特雷弗·考克斯 著
安然 译

民主与建设出版社

图书在版编目（CIP）数据

声音简史 /（英）特雷弗·考克斯著；安然译
.—北京：民主与建设出版社，2020.11
书名原文：SONIC WONDERLAND: A SCIENTIFIC ODYSSEY OF SOUND
ISBN 978-7-5139-3261-5

Ⅰ.①声… Ⅱ.①特… ②安… Ⅲ.①声学－物理学
史 Ⅳ.①O42-09

中国版本图书馆CIP数据核字（2020）第204393号

北京市版权局著作合同登记号：图字 01-2021-1877

声音简史
SHENGYIN JIANSHI

著　者　［英］特雷弗·考克斯　　译　者　安　然
责任编辑　李保华　　封面设计　主语设计
出版发行　民主与建设出版社有限责任公司
电　话　（010）59417747　59419778
社　址　北京市海淀区西三环中路10号望海楼E座7层
邮　编　100142
印　刷　三河市金轩印务有限公司
版　次　2020年11月第1版　　印　次　2022年2月第1次印刷
开　本　710mm × 1000mm　1/16　　印　张　15.5
字　数　380千字　　书　号　ISBN 978-7-5139-3261-5
定　价　52.00元

注：如有印、装质量问题，请与出版社联系。

| 目录 |

第一章 世界上混响时间最长的地方

迄今为止吉尼斯世界纪录仅认可了为数不多的几个最大的声音：最大的家猫呜呜声（不妨跟您透露一下，是 67.7 分贝）、最大的男性打嗝声（109.9 分贝），以及最大的鼓掌声（113 分贝）——这些声音都够惊人的。但是，作为一个研究建筑声学的人，我对苏格兰汉密尔顿陵墓里的一座小教堂更感兴趣，它可以产生全世界延续时间最长的回音。1970 年版的《吉尼斯世界纪录大全》中记载道：实心青铜门猛地关上之后，回音会一直持续 15 秒钟才彻底消失。

《吉尼斯》将这样的现象描述为“最长的回音”，事实上这一术语用在这里并不正确。我们建筑声学专家会使用“回音”来描述声音清晰可辨的重复音，比如在山里用真假嗓音急变互换的方式歌唱会引起回音，用混响来描述声音缓缓减弱至消失。

混响是指一个字或音符的声源停止发声后，声音在房间内反射而继续存在的声学现象。音乐家和音效师会将房间分为活的或死的。活房间就像浴室那样，将声音反射到你的耳际，激发你唱歌的欲望。死房间则如同奢华的酒店房间，柔软的家具、窗帘、地毯将声音吸收，产生减震效果。一个房间无论回音强烈或是十分安静，主要都是由混响引起的。只需一丁点的混响，就可以让声音延续，不着痕迹地加强话语和音符。在非常热闹的地方，比如说大教堂，混响会展现出充满活力的一面，持续足够长的时间，让人们能听得清楚。混响可以提升音效，极大丰富大型音乐厅里管弦乐队的表演。适当的混响能够增大音量，让房间两头的人更容易听到彼此的对话。有证据显示，通过混响和其他声音感知到的房间大小，会影响我们对普通的或动听的声音的情感反应。我们会觉得小房间比大空间更安静、更安全、更舒服。

在格拉斯哥举办的声学会议期间安排了一个包括小教堂参观的项目，我终于有机会亲自探索那个保持着世界纪录的陵墓。星期天一早，我跟 20 位声学专家一起来到了陵墓大门外。陵墓是由砂岩块堆砌而成的罗马式建筑，宏伟壮观，高达 37 米，两侧各屹立着一头巨大的石狮。面对如此坚固而且带有圆顶的圆柱形建筑，敏锐的访客或许能感受到第十任汉密尔顿公爵的气魄。陵墓建于 19 世纪中期，但遗迹很久以前便迁移至别处了。由于采矿造成地面下陷，建筑物下降了 6 米多。要是克莱德河泛滥，教堂地下室就很容易遭受被淹没的命运。

八角形小教堂位于一楼，阳光透过玻璃穹顶，给房间带来微弱的光亮。小教堂里有四个壁龛，地上铺着棕白相间的大理石地板。产生吉尼斯世界纪录回音的原始青铜门（以佛罗伦萨圣乔凡尼洗礼堂的吉贝尔蒂门为模型建成）架在两个壁龛里。新建的木门对面矗立着坚固的黑大理石制成的柱基，柱基曾用于支撑一位埃及王后的雪白色石棺，公爵经过防腐处理的尸体现在便安放在这里。石棺对公爵来说显得略小，导游带些兴奋地向我们讲述了尸体如何被缩短以装进石棺的恐怖故事。我去的那天，柱基上放置着笔记本电脑、音频放大器和其他用于声学测量的设备。

小教堂本来应该用于举办宗教活动，但由于它的声学特性，居然无法举办礼拜。它就像是一个大型天主教教堂，要是我跟声学同事们距离有点远，就很难进行对话，因为声音在小教堂里四处弹跳，说话声音变得模糊不清。这真的是世界上混响时间最长的地方吗？这个世界纪录对我这样的声学工程师来说十分重要，因为对混响的研究标志着现代科技手段第一次应用于建筑声效中。

杰出的物理学家华莱士·克莱门特·萨宾在 19 世纪晚期创建了第一个与建筑声学有关的科学学科。根据《大列颠百科全书》中的描述，他“不屑于获取博士学位；他的论文数量不多，但每篇都出类拔萃”。1895 年，年轻的萨宾受邀改善福格艺术博物馆内一间演讲厅混乱的音效，那时的他正在哈佛大学担任教授。大厅（用他的话来说）“很不实用，已经被废弃”。宽广的大厅呈半圆形，建有穹顶。听众基本上无法听清大厅内的演讲——如此模糊的音效一点都不像是形成于精心设计的演讲厅，更像是汉密尔顿陵墓里产生的声音。顶级的艺术演讲大师查尔斯·埃利奥特·诺顿对这里提出了直接的批评。

我们可以想象诺顿站在大厅前方，试图详细阐述艺术——他穿着正式，蓄起大胡子，两边留有鬓角，露出光秃的头顶。他的学生首先会听到从教授口中直接传至他们耳朵里的声音——这些声音沿着最短路程直接传输。然后回音紧跟着出现，在墙壁、穹顶、书桌和其他各处坚硬的表面反射。

这些回音决定了建筑声学——即人们在房间内听到的声音是怎样的。工程师通过改变房间的尺寸、形状和布局来操控音效。因此，像我这样的声学家总是忍不住想通过拍手来聆听反射状况（我在一家法国大教堂的地下室拍手时把我妻子给吓到了。这样的古怪行为必定会让你的配偶尴尬不已）。拍完手之后，我仔细倾听回音多久会消失。若声音需要很久才消失——混响时间过长——演讲就会听不清楚。因为连续的声音掺杂在一起，让人无法听得清楚。亨利·马修于 19 世纪时写道，混响“不会有礼貌地等演讲者说完话再开始，从他开口到结束，混响就像是长着一万张嘴那般不断地模仿他”。诺顿演讲时就会遇到这样的情形。有学生讥讽道，大多演讲的声音在没被大厅搅得乱七八糟之前就很难懂。不过，诺顿实际上很擅长交流，也是一位深受欢迎的教师，这里的问题出在房间，而非演讲者身上。

建有坚硬表面的大型空间，如大教堂、汉密尔顿陵墓，或福格艺术博物馆的演讲厅里，回声持续时间很长并且清晰可辨。柔软的装饰会吸收声音，减少反射，加速声音的衰退。华莱士·萨宾的实验中也研究了演讲厅中吸音的柔软材料——这一研究让他看起来像是个痴迷于靠垫的家伙。萨宾从附近的剧院拿来 550 个长 1 米的坐垫，将它们一个接一个放进福格艺术博物馆的演讲厅，观察音效的改变。他需要安静的环境，所以总是在学生回家、电车停止运行以后，彻夜工作，记录声音彻底消失所需的时间。他没有用拍手那一招，要像专业的弗拉门戈音乐家那样不断拍手是很艰难的，因此他选择使用管风琴制造音符来进行试验。

萨宾将声音逐渐衰退至消失所需的时间称为“混响时间”，他的研究工作奠定了声学最为重要的一个公式的基础。这个等式表示混响时间由房间大小（体积），以及吸音材料（如萨宾试验中的坐垫，或他最后用来改变演讲厅音效的 2.5 厘米厚的墙面材料）数量测算得出。工程师设计音效良好的房间——大型礼堂、法庭或开放式办公室——时，需要做一个关键决定：混响多长时间为最佳。然后，他们便可以使用萨宾的等式来计算出需要多少柔软的吸音材料。

除了回音时间，设计师还要考虑频率，这与听众感知到的音高直接相关。小提琴演奏家拉动琴弦时，弦如同跳绳一样画圈式晃动。若弹奏音乐家所称的中央 C，琴弦每秒会跳动 262 整圈。小提琴的振动每秒向空中发射 262 个声波，频率为 262 赫兹（一般用 Hz 表示）。这个单位以海因里希·赫兹的名字命名，这位 19 世纪的德国物理学家是世界上第一位传播并接收无线电波的人。人能听到声音的最低频率为 20Hz，年轻成人能听到声音的最高频率为 20000Hz。但是，最重要的频率不在这里所说的最高和最低频率上。一架大型钢琴可以发出从 30—4000Hz 的音符，在这个范围以外，我们就很难分辨音高，所有声音听起来都差不多。超过 4000Hz 以后，乐曲听起来就像是音盲在乱吹口哨。耳朵最能放大并辨析的是音符所在的中频声段，大多演讲也在这个声段内，这也就是为什么声学工程师要设计出频率在 100—5000Hz 之间的房间用于音乐表演。

2005 年，布莱恩·卡茨和爱德华·威瑟雷尔使用电脑模型来研究萨宾对福格艺术博物馆的音效处理是否有效。他们将演讲厅的大小和形状录入电脑，使用描述声音在房间内移动和从表面及物体上反射的等式，然后为模拟的演讲厅墙体和天花板添加虚拟材料，以模仿萨宾的改造方式。吸音材料的确改善了音效，但厅内一些地方依然听不清楚演讲。一个学生曾说，在有些座位听起来很清晰，但“在一些盲点地带很难听清”。萨宾的改造并不尽善尽美，不过他的实验开启了声学探究的广阔天地，他的等式至今依然是建筑声学的基础。

我喜欢走进音乐厅，聆听窄小的入口走廊和开敞的礼堂之间的鲜明对比。我们要从幽闭的走廊走进一间可能会很宽敞的房间，被动倾听观众们满怀期待的聊天声，以及偶尔出现的巨大声响造成的强有力的混响。进入波士顿交响乐大厅，我会感到尤为激动，因为华莱士·萨宾就是在这里应用了新的科学发现，打造出迄今为止依然是世界排名前三位的古典音乐礼堂。音乐厅完工于 1900 年，形状如鞋盒——从长度、高度和宽度来看——楼厅上方的墙壁嵌有 16 座希腊和罗马雕像复制品。去音乐厅参观时，我坐在一个嘎吱作响的黑色皮椅上，波士顿交响乐团在高高的舞台上开始演奏。从听到第一首曲子，我就开始明白为什么观众和评论家会认为这里的表演情绪饱满。大厅内的混响为 1.9 秒左右，对音乐能够进行高度美化。一段声音中等大小的乐句结束后，交响乐团停止演奏，声音过后约 2 秒才会消失。

在室外音乐会上，管弦乐队会在搭棚的舞台上演奏，观众一边倾听一边享用野餐。音乐会最后往往以香槟酒和漫天的烟花结束。这样的音乐会十分有趣，但乐团表演听起来十分单薄而且遥远。与此相反，在交响乐大厅这样音效很好的地方，音乐充满整个大厅，从四面八方包围听众。厅内产生的混响增大乐队声音，加强表演效果，而且声音会延续一会儿，让音乐家在音符与音符间的转换更为顺畅。20 世纪的著名指挥家阿德里安·鲍尔特就说：“理想的音乐厅会美化不那么悦耳的声音，让观众听到极为美妙的音乐。”

混响的转化效果不但用于古典音乐，也经常被用在流行音乐里。Jerry Murad’s Harmonicats（口琴疯猫三重奏）组合推出的 1947 年最热门歌曲“Peg o’ My Heart”（由大口琴演奏的缓慢器乐曲）是第一首巧妙运用混响的歌曲。自那时起，“混响”便成为音乐制作人常用的一种方式，它能让声音更为丰富有力。若是有人在剧院舞台演唱，混响还会模仿他的声音。很多电视节目里，声音条件很差的人一张口唱歌，音效师就会制作大量的混响效果来挽救糟糕的歌声。

混响并不是判断礼堂好坏的唯一重要标准。最引人关注的音乐厅失败品恐怕就是纽约林肯表演艺术中心的交响乐大厅。大厅于 1962 年建成（重建之后改名为艾弗里·费雪厅）。声学家迈克·巴伦称它为“20 世纪最出名的声学灾难。”颇具影响力的音乐评论家哈罗德·查尔斯·勋伯格写道，“自以为是的专家”认为大厅是一个“价值 1600 万美元的黄色大柠檬”。声学专家克里斯·贾菲说，勋伯格“就大厅的音效写了一篇又一篇的文章进行嘲讽，就像是《我的孩子们》那样的泡沫剧”。讽刺的是，大厅声学顾问是李奥·柏仁内克，他或许算得上是 20 世纪最具影响力的建筑声学家，也是声学大学上唯一会被疯狂追捧的著名人士。我记得自己还是个年轻学者时，曾在一次早餐中初遇里奥，那本是跟这位超级明星探讨我在音乐厅声学方面研究的绝佳机会，可他跟我打招呼时问我为什么要测量鸭子嘎嘎的回音（见第四章）。

根据柏仁内克的说法，最后对交响乐大厅设计的改变才是这场灾难的始作俑者。原本的理念是要设计出一个简单的鞋盒型大厅，就跟波士顿交响大厅一样，但有人认为原本的礼堂设计中座位不够，几家纽约报纸大声呼吁提高大厅容量，柏仁内克说委员会不得已屈服。新设计改变了楼座和侧壁形状，在观众席上方安置了大量反射物。大厅开幕之后，评论家指责说这里高音过多而低音过少，音乐家很难听清彼此的演奏，乐队也就很难创造出和谐的音乐。用现在的科学知识来看，柏仁内克号称，如果没有这些改变，“我们会在纽约大获盛赞”。

房间形状对音乐厅的品质有着举足轻重的作用。从侧面听到的声音反射很重要，因为双耳接收到的声波是不同的。每侧的回音要需要花费更长的时间到另一边较远的那只耳朵；而且那只耳朵处在声影区，听到的高频声音较少，因为那样的声音很难绕过大脑。从这两点可知，除了舞台上的音乐，大脑还要接收房间反射的声音。由于侧反射的存在，我们会感到自己包围在音乐之中，而不会感觉音乐是从远处舞台的表演者传递过来。这些反射让管弦乐队的规模看起来比实际要大——这种效果被称为声源扩大，听众一般都很喜欢这样的效果。波士顿交响乐大厅利用狭窄的鞋盒形状创造出大量侧反射，从而达成该效果。关于侧反射的科学发现为大厅设计和形状带来了很多新鲜灵感。在我位于曼彻斯特的家附近有一座布里奇沃特音乐大厅，哈勒管弦乐团会在这里表演。音乐厅建于20世纪90年代。观众席的后半段用墙壁分区，形成葡萄园梯田般的布局。这些将观众席隔开的分区精心设计而成，其角度刚好可以产生侧反射。

我们实际上是在混响太少（比如在室外的时候）与太多之间寻找平衡。作曲家和音乐家布莱恩·伊诺曾这样描述皇家阿尔伯特音乐厅改进之前混响过多的后果：

> 这里真是太糟糕了，任何旋律任何速度的音乐都无法正常表演。每个表演在本该结束的时间之后，还要延续好长一段时间。我不由得想起在艺术学校时，有一位模特非常非常丰满，我们大家说她得花20分钟才能坐定，要画她简直是不可能的任务，在混响过多的地方表演快节奏音乐也是一样。

理想的混响时间长短取决于音乐本身。海顿或莫扎特错综盘结的室内音乐应该在宫廷或宫殿演奏，因此最好在混响时间较短——比如说1.5秒的窄小空间里演奏。法国浪漫主义作曲家埃克托·柏辽兹听到海顿和莫扎特音乐在“体积过大，音效不适宜”的地方演奏时，抱怨说还不如在开阔的地方表演："音乐听起来音量很小，寡淡无味，断断续续。"

与室内音乐相比，柏辽兹、柴可夫斯基、贝多芬等创作的浪漫主义音乐，需要更长的混响时间——比如说 2 秒左右。管风琴音乐跟合唱音乐需要的时间更长。著名的美国风琴演奏家爱德华鲍尔·比格斯说："一个风琴演奏者需要多之又多的混响时间……巴赫的许多风琴乐曲的创作……就是要利用混响。著名的《D 小调托卡塔》开始的花式乐句之后突然出现停顿，很明显这是为了让观众聆听悬浮在空中的音符。"

伦敦的皇家节日音乐厅是 1951 年不列颠庆典的一部分，建造音乐厅的目的在于振奋人们的情绪——他们在第二次世界大战期间和结束后经受了多年定量配给食物的艰苦生活。评论家对建筑大肆称赞，但人们对音乐厅的音效却褒贬不一，最后得出一个共同的结论，即 1.5 秒的混响时间过短。1999 年，指挥家西蒙·拉特尔说："皇家音乐厅是欧洲大型音乐厅里最糟糕的一个，排练过去半个小时，我就连活下去的欲望都没了。"霍普·巴格纳尔是音乐厅原本的高级声学顾问。让人意外的是，他并不是科班出身的科学家。声学工程师大卫·特雷—弗琼斯说巴格纳尔"所接受的广泛而开明的教育"至关重要，这为他培养了"好奇心……以及能力来研究声学"。萨宾的等式为巴格纳尔提供了两种方式来解决大厅平淡的音效。一是增加房间尺寸，给声音更多反射的空间。提高屋顶是个不错的办法，不过成本过高。二是减少屋内的吸音材料。在音乐厅里，大部分吸音发生在观众身上，因此巴格纳尔建议移除 500 个座位，延长混响时间，但他的建议未被采纳。当时人们采取了一种前所未有的解决方式：使用电子学原理来人工改善音效。

他们为大厅天花板内部安装了麦克风，麦克风只接收特定频率的声音。麦克风的电子信号经过增强后传递至天花板上无处不在的扬声器里。声音在麦克风和扬声器之间往返循环传递。这一设置将声音停留在大厅的时间延长，创造出人工回音。这是一项了不起的工程壮举，要知道 20 世纪 60 年代的电子设备是十分简陋的。设计这个辅助共振系统的天才是彼得 · 帕金。他在第二次世界大战期间开始研究声学，帮助摧毁了水下声波水雷。改良皇家音乐厅时，为方便工作，帕金在家里和音乐厅之间专门连起了一条电话线，方便随时检查系统是否在正常运转。他的任务是监听系统中的错误，这些错误可能会让麦克风和扬声器之间循环的声音变得越来越大，导致反馈中出现杂音，如同重金属碰撞发出的嘶吼和尖叫。

彼得 · 帕金的电子系统将低频声音的混响时间从 1.4 秒延长至 2 秒以上，让声音变得更为温和，但他并未公开安装这一系统。使用电子手段提升古典音乐音效在当时是有争议的，因而辅助共振系统开始一步步安装时，并未告知管弦乐队、观众或指挥家。整个系统秘密全部安装在八个音乐厅之后，工程师才公开了它的存在。这个系统一直用到 1998 年，后来被非电子方式取代。

我也认为不应该用电子手段提升古典音乐表演，大约 20 年前在伦敦附近一家剧院听完不同电子系统的演示之后，我更加坚定了这种想法。工程师转换设置时，可以听到奇怪的机械声，或者失真的声音，而且有时声音不是从舞台而是从我身后传来。令人大为惊叹的是，这一演示旨在鼓励人们购买这项技术。不过到了今天，许多当代剧院里使用现代的数字系统，效果也是出乎意料地好。去年的一个声学大会上有人进行演示，轻弹开关，演讲厅就会转换成带有自然音效的抒情剧院或大型音乐厅。

很多陵墓都属于混响效果强烈的地方：泰国的泰姬陵和古尔墓庙、格拉斯哥附近的汉密尔顿陵墓以及奥斯陆的依曼纽尔之墓。巨大的空间和坚固的石墙让这些地方一派热闹非凡。

艺术家依曼纽尔·维格兰地在 1926 年建成了依曼纽尔之墓，将其作为博物馆来陈列自己的作品，之后他又决定自己死后长眠于此。挪威 声学家和作曲家托尔·哈姆兰斯特身材魁梧，声音洪亮，他屈下身体才能走进依曼纽尔之墓——弯腰经过摆放在门上的艺术家骨灰瓮。哈姆兰斯特走进巨大的房间，上方是筒形穹顶，周围布满壁画。他说：“走进去的时候，墙壁很黑，几乎什么都看不见，过一会儿能看见墙壁和穹顶挂满画作，涵盖生命从出生（包括生命出生之前的交媾）到 死亡的全部过程。”一幅壁画中，一缕青烟和一群小孩从排成传教士 式体位的骨架上升起。中频音混响时间为 8 秒，一般在大教堂里才会形成时间这么长的混响。在哈姆兰斯特看来，8 秒的时间相当长，因为这里的房间规模相对较小。

依曼纽尔之墓里清楚的性壁画与汉密尔顿陵墓阴沉的内部形成鲜明对比，但是它们中的哪一个混响效果更强烈呢？吉尼斯世界纪录是猛地推开陵墓小教堂的青铜门来测算出的——这个测试极不科学。合理比较两者的混响效果，需要初始声音的质量和强度一致。若希拉里·贝洛克的警世故事《丽贝卡——为了好玩摔门却不幸惨死的姑娘》中的丽贝卡来做测量，她肯定会把门摔得震天响，声音要很久很久才会消散，而力气较小的实验者肯定会测得较短的时间。

我去参观汉密尔顿陵墓时，声学家比尔·麦克塔加特带上了必需的测量设备。他在三角架上摆放了一个奇形怪状的扬声器，将声音传播至整个房间各个方向（图 1.1）。这是一个跟水皮球大小相当的三十二面体。另一架着麦克风的三脚架放在几米之外。所有设备都连接着分析仪，分析仪的屏幕显示的锯齿状线图形从左上方向右下方倾斜，表明声音正在减弱。声学工程师通常用这个设备来测试墙壁隔音效果，或教室的混响是否影响老师授课。

图 1.1　测量汉密尔顿陵墓（上方建有圆屋顶）所用的扬声器

比尔做了个手势，我赶紧用手堵住耳朵，扬声器立刻隆隆地作响。我虽然用手挡住耳孔，却还是被声音震到了。10 秒之后，比尔突然切断扬声器，测试声音消失的时间，我也赶紧放下手，享受在空中盘旋的混响。巨大结实的墙壁反射效率很高，声音很久以后才彻底消失。最初震耳欲聋的咆哮声变为窸窣声在我的头顶移动，然后朝着圆屋顶逐渐消亡。片刻的沉寂之后，在场的声学专家们展开了热烈的讨论。

汉密尔顿陵墓里的混响时间有多长？陵墓主要以石头建成，空间巨大，高频音和低频音的混响时间差别很大。低频——比如说是125Hz，这个声音比中央C音低八度音（这个频率在低音吉他上很常见）——混响时间为18.7秒。中频音为9秒多。这个时间相当令人称奇，但我并不认为这是全世界最长的混响时间。

中频讲话声非常有力，而且人耳对中频音最为敏感，因此中频音的混响时间对能否听清至关重要，这就不难理解为什么人们不会想着在小教堂举办庆典。人们正常说话的时候，一秒钟能说出三个单词，如果在陵墓中也用这样的语速说话，说出第一个单词的声音9秒多之后消失的时候你已经又说出了好几个单词，许多单词的声音必定会交织融合在一起。若能跟观众进行近距离交谈，在小教堂里进行演讲也是可行的，因为从近处传来的直达声音音量更高，更容易忽略反射。将语速降低也会改善演讲效果。但是，要是跟交谈的对象距离过远，直达声音少于反射，混响会填满音节之间的所有空档，让声波的波峰和波谷变得比较清晰，人们便会听不清楚演讲。

一些大教堂比汉密尔顿陵墓里的小教堂大了足足有十倍，按照萨宾的等式推算，尺寸越大，混响时间应该越长。高大恢宏的教堂为了赞美上帝而建，自然拥有令人惊叹的声学效果，音质与精神性紧密连接在一起。充裕的混响迫使会众保持安静或低声耳语，否则声音被反射放大后会形成不虔诚的刺耳声音。礼拜期间，音乐和话语如同无处不在的上帝那样将你包围。声学也会影响礼拜仪式进行，因为在混响效果强烈的空间里，吟唱赞美诗的歌声和缓慢的礼拜声会拯救模糊不清的演讲。

许多个世纪以前，牧师站在高坛之上，跟中殿的会众几乎处于隔离状态。一般来说，声音只能通过高坛上的小空隙和山墙饰内三角面以下的地方传播到会众耳朵里。牧师面对圣坛唱起赞美诗，背对礼拜者，会众听到的都是反射过来的杂乱声音，因为所有声音都是从墙壁和天花板反射以后才曲折传播过来。不过这里要提一下，大多礼拜使用的是拉丁语，所以有人认为并不是因为声学的缘故人们才无法理解。

16 世纪的宗教改革运动改变了上述情形：英国牧师从《英国国教祈祷书》上学到，讲话时要站在会众能听清楚的地方。使用英文的礼拜必须要让人们能听得懂。在中殿设立布道坛的创新举动帮会众听得更为清楚。反射现象依然存在，不过因为直达声音很快就能传到会众耳朵，一些强烈的反射稍迟一会儿才会到达，新设的布道坛由此实现了更好的沟通。但是，后来的反射又起了相反作用。

为什么一些反射有用一些却有害呢？这跟我们的听力如何演化来应对复杂的声音范围有关。在大教堂里，跟大多地方一样，耳朵会遭到所有方向反射音的轰炸——来自地板、墙壁、天花板、长凳、会众等。大教堂里每秒会产生数以千计的反射音。感知每个反射音很快就会让我们的耳朵不堪重负。因此，内耳跟大脑将反射音融合为一个可听到的声音。我们在房间里拍手的时候，通常只能听见一个“啪”的声音，而事实上耳朵接受了来自附近几千个略有差别的反射音。一间房可没法将一个拍手声变成阵阵掌声。

耳朵跟重量级拳击手一样，行动有点迟缓。耳朵接收到一个很短的声音如拍手声，或拳击手遭受一拳快击，系统需要些时间才能对这一刺激作出反应。耳朵和拳击手都在最初的刺激消失之后继续作出反应：重量级拳击手在被快拳击中一会儿后，身体会向后摇晃着倒退，同样的，内耳的毛细胞在拍手声结束之后的一段时间之后，还会继续向大脑传输信号。在耳朵迟缓的反应之下，大脑持续试图理解从听觉神经传递过来的电信号。大脑会动用几种策略来将直达的牧师讲道与之后到达的大教堂无处不在乱作一团的反射音区分开来。

若是牧师站在一边，距牧师较近的耳朵会接收到较大的声波，因为较远的耳朵只能接收绕过头部传递过来的布道声。大脑会更注意较近耳朵听到的声音：这样的声音音量更高，更容易将其与反射音区分开来。若是从许多方向传来大量反射，以这种方式集中注意力就没那么有效了，因为两只耳朵里面灌满了不请自来的混响声。

若牧师站在正前方，大脑会采用另一种策略，将双耳听到的信息整合起来。直接从牧师传来的讲道声在双耳中造成同样的信号，因为人的头部是对称的，每只耳朵里的声音以完全一致的途径传播。将双耳中的信息整合，可以提高直达声音效果。侧面的反射以不同方式进入双耳，左耳跟右耳的信号整合时，一些反射会被抵消。两耳处理机制能够借助混响效果提高听到的布道声音音量。

在大教堂里，经常能看到讲道坛正上方的木屋顶（天盖）。天盖帮助产生传递速度足够快的有益反射，加强直达声音。天盖也能防止牧师声音传到天花板上，反弹之后返回，让会众难以听清。

现在，教堂里使用扬声器来提高讲道的清晰度。跟天盖一样，扬声器将声音传导给听众，提高直达声音与反射音之间的比率。过去的系统将很多扬声器堆叠成一条线——原理是扬声器的声音叠加之后将讲道传导给听众。现代系统使用高级的信号处理系统，以电子手段改变每个扬声器里传出的声音，创造极其狭窄的讲道声波，只传向会众。

大教堂是最不适合发表演讲的地方，却是管风琴乐表演的天堂。作家彼得·史密斯写道："旋律线是至关重要的，但是较后弦音与逐渐衰落的较前弦音互相碰撞，由此产生的冲突与不和反而增强了音乐效果，声音变得十分丰富……大教堂里的这种音效是音乐厅里创造不出来的。”

教堂对音乐发展有着深远的影响，莱比锡的圣托马斯教堂（Thomaskirche）就是一个鲜明的例证。宗教改革运动之前，教堂里牧师的声音需要 8 秒才会消失，到 16 世纪，经过改造之后的教堂可以让会众更好地理解布道。教堂里新增了木板走廊和窗帘，减弱混响，将其时间降至 1.6 秒。到 18 世纪，作曲家约翰·塞巴斯蒂安·巴赫利用较短的混响创作出节奏较为轻快的复杂乐曲。霍普·巴格纳尔，伦敦皇家音乐厅的高级声学顾问，认为路德教堂里新建的减弱混响的走廊，是“音乐史上最重要的一个事件，因为它直接导致了马太受难曲和 B 小调弥撒的诞生”。

大教堂里的混响效果到底有多强？圣保罗大教堂建于 1675—1710 年之间，伦敦大火期间不幸被烧毁。教堂重建过程中由克里斯多佛·雷恩爵士设计，体积为 15.2 万立方米。教堂里中频音的混响时间为 9.2 秒；低频音时间略长，125Hz 时是 10.9 秒。大教堂内声音衰减的时间很长，但就低频音来看，汉密尔顿陵墓的混响音效要强得多，原因可能是那里窗户较少（窗户很擅长吸收低频音）。圣保罗的混响时间与其他大教堂相当，因此可以说陵墓在混响方面的表现超越了教堂。

自然空间如洞穴里的情形又是如何呢？美国军队在阿富汗搜寻奥萨马·本·拉登行踪时，特别注意研究洞穴和隧道的声学特性，他们希望让部队在进入地下通道之前能对里面的布局有更好的了解。埃森泰克声学顾问公司的大卫·鲍恩让士兵在洞穴口发射 4—5 枪，记录声学结果，探究上述设想的可行性。树枝、窄小的空间和洞穴都会改变声音产生混响的方式。信息会反射回安装在入口处的麦克风，由此推断洞穴的几何结构。

洞穴结构可以产生神奇的混响。苏格兰南部北海岸的斯摩洞位于不列颠最为崎岖壮观的地形，长满绿意的石山和壮丽的沙滩不断经受波涛汹涌的拍打。听说汉密尔顿陵墓九个月之后，我去参观这个洞穴，希望找到一个混响效果更好的地方。我从一个巨大的拱门走进石灰岩悬壁，但第一个房间没有我想象中那么好的混响效果，因为入口很开阔，屋顶还有一个大洞，声音很快便会消失。第二个房间就有意思多了，瀑布从屋顶的空洞喷涌而下，声音很大很有震慑力。闭上眼睛，很难分辨出声音的来源，因为小瀑布的咆哮声回响在整个洞穴里。

玄武岩柱将苏格兰斯塔法岛的芬戈尔海蚀洞装饰得精美绝伦，这里距离斯摩洞约 270 公里。1829 年，作曲家费利克斯·门德尔松从大西洋海潮的起落和它们在洞穴周围产生的回音中找到灵感。他将序曲《赫布里底群岛》的前 21 小节装在信中，向姐姐范妮写道："我希望你能明白赫布里底群岛对我的影响有多深刻，所以现在把我在那里获取的灵感寄给你。"开放大学的大卫·夏普在洞穴中测量出 4 秒的混响时间——介于音乐厅和大教堂之间。

一般来说，洞穴体积都很庞大，最强的洞穴混响效果似乎也无法堪比大教堂。写到卡尔海因茨·施托克豪森在黎巴嫩杰达溶洞创作的后现代乐曲时，声学家巴瑞·布莱瑟提到，尽管洞穴体积很大，容易产生长时间混响，但这些地方是由多层次相互连接的空间组成，声音衰退"十分柔和，强度适中"。声波每弹跳或反射一次，就会损失一些能量。在洞穴中，许多侧壁坚固且崎岖不平，让声音反射变得混乱，声音在这些通道里来回弹跳，消失得更快。回响效果最强的地方应当有平滑的墙壁，简单的形状，这也说明它们是人造的。

2006 年，日本音乐家、乐器制造师和萨满教僧铃木昭男、萨克斯管吹奏者和即兴演奏家约翰·布彻，在苏格兰开始了名为《回响空间》的音乐巡演。宣传材料中说，巡演旨在“解放激动人心无与伦比之地的声音”，这些地方包括沃米特的旧水库：“天哪！这里的声音太有趣了，声音轰隆隆地衰退……在混凝土墙壁上反弹形成的回音。通常情况下，我肯定认为这里一点都不适合进行表演，不过它对此次巡演来说再理想不过了。”

之前与微软游戏音频首席技术专家麦克·卡维耶泽尔交谈时，我开始萌生出对这些地方的兴趣。我在伦敦做完一个主题演讲之后，麦克找到我，跟我讲述了他参观一座美国的类似水库的情况，他说那里 的声学特征和黑暗让它成为“我进入的最疯狂，最难以辨别方位的空间之一”。麦克也描述反射如何影响说话：“你一下子就听不见自己刚才说了什么，你唯一关注的只有这个空间里的声学特点。”那里的混响效果实在太强，“很难清楚说出……想法或者完整的句子，”他说，“人们很快就都开始吹口哨、拍手，或测试。”

我很想要亲自体验音效如此奇怪的地方，参观完汉密尔顿陵墓几天后我决定前往沃米特。组织《回响空间》音乐巡演的艺术公司阿里卡给了我水库老板詹姆斯·帕斯克的联系信息，他兴高采烈地带我四处去看。他用温和的苏格兰口音告诉我他买到地以后是如何处理两座地下水库的：把小一点的水库转换成巨大的车库，自己的家就建在车库之上，大一点的水库则空空如也地躺在草地下面。

我们漫步进入花园，随便聊着结构荷重和沃米特市政基础建设的历史。水库建于 1923 年，最初设计的目的是为一座大城市服务，但战争爆发之后，沃米特一直都未能发展成大型城市。最后，这个过大的水库因维护成本过高，逐渐被废弃了。

那天风势很大，秋日的阳光照得山下的泰湾闪闪发光，也照亮了远处的敦提市。草地出乎意料的平坦。黑色通风管从地面探出头来，向人们揭示着地下有什么。詹姆斯揭开长满杂草的井盖，问我是否担心健康或安全，然后沿着梯子消失在黑暗之中。他下去后打开了灯。

这梯子跟船梯有些类似。走完第一个梯子，到达一处小平台，然后小心翼翼爬过铁围栏到第二个梯子，这就到了下一层。从井盖透过的阳光和一个灯泡给宽广的空间带来光亮，内部结构很是单调：约 60 米长，30 米宽，5 米高的混凝土盒子。混凝土墙壁在修建期间印有木头纹理（跟伦敦国家剧院的墙壁一样）。这让我想起来一个市政车库，里面站满了间隔 7 米的混凝土柱，支撑着车库屋顶（图 1.2），地板到处都是湿漉漉的，跟洞穴一样极为阴冷。

图 1.2　沃米特水库（相机使用了长时间曝光）

詹姆斯和我聊天的时候，水库的声学特征自己就显现出来了：四周累积起隆隆声，像是无处不在的迷雾。许多混响效果好的房间都会产生压迫感，让人很难开始对话，而这个水库不会。我们就算离得很远也可以互相说话——这在混响效果同样好的汉密尔顿陵墓里是不可能的。水库让我想到大教堂，有了这个巨大的优势，我可以大声喊叫并且拍手。喊声释放出“有趣的”音效，声音嘎啦嘎啦了好久好久才消失。

我带了几只气球，将它们扎破，来粗略测量混响时间。跟陵墓一样，最长的混响时间来自低频音：125Hz 时为 23.7 秒。对于演讲来说最为重要的中频音混响时间是处于中间位置的 10.5 秒。

萨克斯管吹奏者约翰·布彻将在沃米特水库的录音作为《回响空间》巡演的一部分，《电报》杂志评论这章专辑时写到他如何“攻击这些空间”。布彻在“生锈铁笼的呐喊”中写道，在各种奇怪的电子鸣笛声、尖利的气噪音和吹奏音中，很难分辨出萨克斯管的声音。《电报》的威尔·蒙哥马利写道，进行到一半的时候，布彻“突然开始利用循环呼吸法制造出夸张的滑音（这让人联想到《蓝色狂想曲》的开端）。很明显他的音乐在利用空间的混响特性：接受音符延续造成的不和谐音调，并继续演奏。

美国长号和迪吉里杜管演奏家斯图亚特·登普斯特。在他的专辑《来自水池教堂的地下神音》也使用了此类空间的混响效果。这里提到的小教堂是华盛顿州沃登要塞公园的丹·哈波尔蓄水池，麦克·卡维耶泽尔所提到的“疯狂的、难以辨别方位”的地方。它看起来跟沃米特十分相似，不过它是圆形而非方形。它的建造是为了提供 750 万公升紧急水源用于灭火。一些网站和书籍里描述说这里的声音衰退时间为 4.5 秒。也就是说，音符需要 3 秒才会变成最大声音的一半，音乐家要想将音符区分开来，就必须演奏得非常非常慢。《公告牌》杂志赞誉斯图亚特·登普斯特和其他音乐家一道录制的专辑创造了“安静的音乐，哪怕是最微小的改变，都会是灾难性的。声音如同海潮般逐渐积聚力量”。黛布拉·克雷恩在《泰晤士报》中写道，这个音乐有一种“怪诞但强大的力量让人平静下来，让人得到催眠般的奇妙感觉”。分开弹奏出的音符会层层叠加，因此演奏者需要考虑距离很远的音符之间的交融，否则就会产生强烈的不和谐感。斯图亚特·登普斯特说：“要是你犯下错误赶紧停下来，错误就会停止，但在蓄水池里不是这样的；它会坐在那里嘲笑你……你必须成为一个聪明的作曲家（或即兴演奏家），妥善处理你的错误。”

我听着专辑，享受让人陷入冥想的复调音乐，同时不忘寻找乐句的结尾，因为音乐家停止演奏之后，声音还会响彻整个蓄水池，从音乐中的这些部分可以估算出混响时间。10 多年的时间里，我跟同事们都在想法从演讲和音乐中减去混响时间。我们之所以这样做，是为了对音乐厅、火车站和医院进行测量。传统的混响测量需要很大的声响：枪击声、扬声器或缓慢的滑音。这些声音听起来未免过于刺耳，还会影响听力。听众听见这些噪声之后都有一个让人烦恼的习惯，就是对声音作出评论——“哎呀！这也太吵了！”——破坏声音衰退的测量结果。音乐厅里管弦乐队的演奏，教师在课堂讲课，都不适合用于测量，但是这些声音里都包含有房间的音效，我们要解决的难题就是如何从音乐或演讲中提取出混响。当前研究最令人激动的一个领域是使用电脑程序从音频中提取信息。著名的 Shazam 应用可以利用手机麦克风从一小段音频中识别音乐，其他程序都只是自动播放音乐或识别未加标签音频文件的类型。

我们将程序应用至斯图亚特·登普斯特的专辑当中，得出低频音范围内的长号和迪吉里杜管演奏声的混响时间为 27 秒。这很好地说明，美国蓄水池打败了苏格兰水库，但我还需要传统脉冲响应。设计新礼堂的时候，声学工程师要研究混响时间及其他参数的图形和表格来确定大厅是否符合设计规范。问题是，这些科学表格和参数对建筑师来说没多大意义，因此声学家更多时候要为礼堂制作模拟音频，让客户来听。听觉模拟最开始是一段完全在“死”空间（如第七章描述的无回音室）录制的音乐，也就是说，这是一段没有任何回音的管弦乐队演奏。之后，声学家将音乐与声音在将来建成的建筑物内移动方式的模型结合起来。过去，脉冲响应要从礼堂的成比例模型（一般是礼堂大小的 1/10 或 1/15）中获取，现在则多通过电脑进行预测。

听觉模拟也会跟在真实房间测量出的脉冲响应一起使用，所以它已经被编码成为人工混响程序，音乐家和音效设计师利用程序制作电脑和游戏原声带。我在脉冲响应图书馆见过一个混响器，其中包含三个在美国水库得到的数据。丹·哈波尔蓄水池和沃米特水库的低频音混响时间一样：23.7 秒；中频音在美国蓄水池的混响时间为 13.3 秒。从混响时间来看，这些地方比全球最大的大教堂都要长。

走进苏格兰因弗戈登附近英切恩铛（Inchindown）的油库综合体，仿佛是进入了詹姆斯·邦德电影里反派的秘密藏身之地。210 米长的入口通道十分狭窄，铺着混凝土，比我也高不了多少。我沿着平缓的斜坡从入口朝山腰走去，阳光被甩在身后，我的火炬没有带来多少光明。走完混凝土铺设的一段路，迎来了裸岩，从左手边的凹室可以看到 1 号储油罐的入口，但这不是一扇门。要穿过 2.4 米厚的混凝土墙壁走进巨型储油罐，只能通过 4 个油管中的其中一个。油管直径都只有 46 厘米。现在可没时间考虑什么幽闭恐惧症，因为油管另一头或许是世界上混响效果最强的地方。

我离开沃米特 9 个月之后来到英切恩铛，参观那些曾经装满沉重原油的油罐，它们以前是为山脚下克罗默蒂湾的海军碇泊处供给能源。为应对 20 世纪 30 年代德国军事力量加强和远程轰炸机的威胁，在极其机密的情况下建设了这些油罐，因此它们被隐藏在半山腰深处。这个巨大的综合体花了 3 年时间才完工。整个仓库可以储蓄 1.44 亿升的燃料——足以装满 250 万辆柴油汽车。

我的向导是艾伦·帕特里克，苏格兰古历史遗迹皇家委员会的考古研究者。艾伦是当地人，自小就听说过秘密隧道，对这些油罐充满好奇。跟我们同行的还有 8 个人，他们也想利用这个难得的机会来此探究一番。有人之前从没进入过主要的储油罐内，因为他们觉得入口会让人产生走进幽闭空间的恐惧。

我准备进入一个大油罐，它的储油量有 2550 万升。我躺在手推车（一个 1.5 米长的铁板）上，像块披萨被放进深深的烤箱一样被推进管道。我等着被发配的时候，入口看起来更小了。我在里面移动时，感觉管道壁在摩擦、挤压我的双肩。身后的助手不断推动，我的安全帽掉了下来，然后我就进去了。我掉进去的样子可不怎么雅观：双脚已经落地，身体的一半还卡在管道里。艾伦帮我挣扎着站起来。他打扮得像是要去登山，在黑暗的地下世界里泰然自若。我的声学测量设备也被推了进来，这些都是我精心挑选出来确保能穿过狭窄管道的设备。

我现在还有点时间来适应油罐。我手里只有自行车前灯，在这个宽大且建有筒形穹顶的洞穴里，它只能照亮很小的范围，这让人很难感受空间大小。最初我猜测这里有 9 米宽，事实证明我是正确的。但是高度呢？在黑暗中很难感知。艾伦之后告诉我，油罐有 13.5 米高。

地上到处是水滩和油残留物。靴子跟手套在发臭的棕色液体里腐烂，这些是油罐被废弃之后来此清理的工人们留下的，他们的工作当时肯定很是艰辛。还好地面隆起的地方后边有条干燥的小道通向油罐中间。

我沿着中间边走边哼唱出几个音符，声音悬浮在空间中，积聚成一团。比萨的圣乔凡尼洗礼堂有一个悠久的传统，向导们利用那里出色的混响效果，以自己的声音创造美妙的和音。19 世纪，威廉·迪恩·豪威尔斯写道："人们接连快速地发出悦耳的声音，然后停止，一阵曼妙的和音迸发而出……它们像是从天空俯泄而下，又高傲地冲上天际，卑微的我们在原处充满敬意地聆听。"我想我在油罐中的歌声远没有这么诗意，能让这么多音符同步出现，我感到很是满意——这堪称魔术师转碟子的声学对应物。声音似乎永远都不会消失——大概持续了半分钟之长。看来我该唱长句了。沃米特水库的混响时间与此相比短多了。

我继续朝前走，发现油罐长约 250 米，足足超过两个足球场。喊叫声让这个巨大的乐器复苏了。我从未听过如此密集的回音和混响声。我就像是第一次坐在钢琴前的小孩子，猛敲象牙白的琴键，听听它能发出什么声音。过了几分钟，我不情愿地停下歌唱，开始准备测量。我将仪器放在以前的供热管道（用于帮助石油流动）上，管道表面覆盖着厚厚的黑色油污。我在微弱的自行车灯光里摆弄我的东西——将三脚架夹在胳膊下，电缆缠在脖子上，再把昂贵的麦克风小心翼翼咬在嘴里——拼了老命不让仪器损坏。

现代声学测量通常都是用电脑进行，理论上这会让测量变简单，但我的笔记本挑了个好时候展现自己的幽默感：它弹出对话框，宣告 Windows 正在深山里更新程序。我只好采用计划 B：用数字录音机来录下枪击声。

艾伦站在进入储油罐之路三分之一的地方，用装了空炮弹的手枪射击，我站在距离道路尽头三分之一处记录进入麦克风的声音。这是测量音乐厅声学效果使用的传统办法。老旧的黑白图片上，20 世纪 50 年代的人们在测量皇家音乐厅音效时，站在舞台上开枪射击。现代很多测量技术都会巧妙使用声音和调频脉冲，但开枪射击依然是备受推崇的有效办法。

可是，在混响如此强烈的地方进行测量并不容易，要是我或者艾伦发出声音——比如跟另一个人说："好，准备测量"——我们就得等声音在一分钟或更长的时间消失之后才能开枪。在声音逐渐衰退的过程中，我们也必须完全静止不动地站着，不发出任何声音，否则测量就毁了。我们在漆黑的环境里隔了约 100 米站着，只能用手势沟通。艾伦建议我们将手里的灯投向天花板来给对方信号。

交流好之后，艾伦从我身边走开，进入黑暗之中。我看到天花板上现出微弱的光亮，用同样的方式回应，表示我准备好了。开枪之后，我拨弄录音机的时候感到肾上腺素急速上升。简单调整之后，我为第二枪做好准备，这时我意识到应该告诉艾伦刚才是什么情况。我艰难地沿中线走过去，告诉他刚才的情形，心里想着下次得带个对讲机过来。

下一枪射出，我透过头戴式耳机听着，等声音消失之后关闭录音机，录音时间逐渐变长：10 秒、20 秒、30 秒、40 秒——我还能清楚听到混响；50 秒、60 秒——这简直太匪夷所思了。一分半钟之后，一切归于安静，我关掉了录音机。

艾伦射出第三枪，我取下耳机充分感受声音。熟悉的爆破声之后，一阵爆炸声从我身边涌过，到达油罐尾端的墙壁经反射之后返回，各个方向的混响声将我包围。若是世界在恐怖的雷鸣之中毁灭，听起来或许就是这样：轰隆声延续不断，最后绝望地逐渐消失。大为震惊的我想要出声大喊，但此时必须保持安静，保证录音顺利进行。

混响延续的时间太惊人了！混凝土墙壁厚度达 45 厘米，声音在墙壁间来回反弹的时候，低频音很少被吸收。此外，船舶油堵塞了混凝土的孔隙，墙壁表面变得无比光滑，空气无法穿过，极大地减少了对高频音的吸收。油罐里最具吸音能力的物体实际上是大量的空气，它们可以让高频音更快衰退。由于声波是在分子间传播，会失去小部分能量。根据教科书可得，空气每公里会吸收几十分贝我所测量的最高频声音。在大多空间里，声音传播的距离太小，空气吸音便无法体现足够的重要性。可是，油罐长约 250 米，空气对高频音的吸收要比墙壁吸收的效果更明显。

录完 6 声枪击，该是赶紧进行分析的时候了。我打开笔记本运行程序。我最初的反应是——不可置信，因为混响时间实在是太长了。叙述这个故事的时候，我喜欢跟其他声学家玩一个叫“猜猜混响时间多长”的游戏。他们通常会选择从声学来判断不可思议的时间，有人说 10 秒，有人说 20 秒，尽管如此，他们猜测的时间还是短太多了。125Hz 声音的混响时间为 112 秒，将近 2 分钟。将所有同时出现的声音频率考虑进去，宽频带声音的混响时间为 75 秒。我喊艾伦过来，告诉他这个好消息：我们找到了世界上混响时间最长的地方。

第二章 响石

我们为什么要建造庞大的混响教堂以纪念圣人？而史前祖先是否和我们一样了解共振空间的原理？站在一座新石器时代古坟外四个气势雄伟的巨石边，我一边吹着气球，一边不好意思地朝其他游客微笑，而脑中充满了对这些问题的疑问。买气球的时候，我本来很想选那个印着骷髅的黑色气球。试想一下，还有什么比这黑气球更搭配墓室的呢？但颇为无奈，最后我将就着买了一些用厚橡胶制成的黄色和蓝色气球，因为它们爆破的时候能够发出较为低沉的声音。

为了进行这次实地考察，我丢下了笨重的音响设备。不过，幸运的是，只需要用一根针、一个气球、一个麦克风和一个数字录音机，我还是能够得到令人满意的测量结果。挤过入口的石缝，进入狭小的墓室，一股潮湿的泥土气息扑面而来。我将麦克风摆在距离十字形室一臂远内的位置，做好准备，记录另一侧气球爆裂的声音。

直到近几年，科学家们才开始对史前考古遗址的音响效果展开系统的研究。在一项颇有争议的相关出版物影响下，我来到位于巨石阵以北 50 公里的这个古坟遗址。[1]这里遍布史前遗迹，其中包括位于埃夫伯里的世界最大的史前环形石阵和欧洲最大的史前人造土山——西尔布利山。埃夫伯里石阵总长 1.3 公里，包含 180 座形状不规则的立石。西尔布利山高约

① 一些探讨古遗址声学的论文受到了质疑。我想到的是罗伯特·雅恩、P. 德弗罗和 M. 伊比森的《各类古代建筑的声学共振》，《美国声学学会学报》99（1996 年）649—658 页。

40 米，由 50 万吨白垩制成，这座人造小山在建造时并没有明确的用途。但我将测量地选在了韦兰铁匠铺，一处有着 5410—5600 年历史的新石器时代长形墓地，相对而言规模较小（图 2.1）。

图 2.1　韦兰铁匠铺的入口

为了到达这个长形墓地，在一个万里无云、寒气逼人的冬日，我沿着泥泞的山脊路艰难前行。山脊路是英格兰中部一种古老的步行道。如果骑马的话，我就可以避免在这泥泞之地上行进，还可以测试韦兰铁匠铺那个著名的传说，该传说声称，如果夜里将马拴在外边，同时在顶石上放一块银币，第二天早上，坐骑便会换上新的蹄铁。

这个土丘是一处规模较大，而高度较低的古坟，四周围绕着一圈山毛榉树。大多数游客来到这里，只是将脑袋伸进去，抓拍几张照片，便继续前进了——完全是通过一种 21 世纪现代人的目光审视这座古老的遗址。

但我总认为自己有必要去探索这里的音响效果。我会倾听自己的脚步声，研究缓慢前行时，声音发生了怎样的变化。我大声地自言自语，测试自己的声音在这里是否会变得扭曲，我还通过拍手掌来寻找回声。我甚至鼓起勇气唱出几个音符，借墓室里的音响效果，提高我本来很薄弱的低音。当然，我还爆破了带来的聚会上用的气球。

想了解祖先当年是如何使用这些古代遗址，声学探测扮演着至关重要的角色。早在新石器时代，声音的重要性便远超今日。在文字出现之前，聆听他人说话，记住话语的信息，并将信息传递下去是一项重要技巧。敏锐的听觉是避免被掠食者猎杀，击退对手攻击，跟踪和狩猎动物为食的关键。如果忽视了声音，古迹的故事便不再完整。因此，在探索的过程中，我们需要超越视觉对现代生活的主导作用，利用其他几项感官：听觉、嗅觉和触觉。

对希腊建筑杰作——埃皮达鲁斯剧场的探索是人类探索古老遗址的一个显要起点。1839 年，一位旅行者如此写道：我能够想象到，希腊人内心满怀着热情和激情、全神贯注观看某场惨烈的悲剧，在欧里庇德斯或索福克勒斯悲剧的折磨下，处于周围山峰的环绕之中，将会获得多么高的满足感。寂静之中，无比深长的感叹，无比嘹亮的叫喊声和掌声响彻天际。无言的长椅间，回荡起一阵阵夹杂着喜悦与悲伤的回声！[1]

圆形的舞台前方是一个呈近半圆形的宽阔露台，上面高高地摆放着灰色的石头座椅。即使在今天，导游依然以展示这里“完美”的音 响效果为一大乐事，即使是一根针掉在了舞台上，高高的大理石座位 上的游客依

① 约翰·罗伊德·施特芬斯，《希腊、土耳其、俄罗斯与波兰旅游记》（爱丁堡：威廉和罗伯茨室，1839 年），第 21 页。

然会听到巨大的声响，游客往往也会因此惊得目瞪口呆。“古希腊剧场的音响效果笼罩的神话色彩之浓郁几乎无可匹敌，”声学家迈克尔·巴伦如此写道，“对一些人来说，希腊人对声学的了解就 连现代科学也无法解释。”[①]然而，不幸的是，历史并没有为我们留下任何揭示希腊人这些知识的文件，但也不是一点儿书面证据都没有。尤里斯·凯撒的军事工程师之一维特鲁威，便详细记述了公元前 27 年到公元前 23 年之间古希腊和古罗马剧场设计的相关信息。[②]维特鲁威的著作中令人震惊的是，其中的重点和关注点皆在于剧场设计中优 良的音响效果上，并没有将重点放在外观上。

维特鲁威所提供的简单的设计原则在今天仍然适用。希腊剧场的设计将观众拉近舞台，使他们能够听到更加响亮且清晰的声音，这也是观众座位大致呈半圆形的原因所在。然而，由于声音是自然向前传播的，因此埃皮达鲁斯剧场舞台侧面的观众，还是会觉得演员的声音过小。[③]当时的解决之道便是将侧面的座位留给外国人、后进场者以及妇女——古时，这些座位就相当于现今的廉价座位。[④]

古时候的剧场大都建在非常安静的地方，如此一来，恼人的噪声才不会掩盖演员的声音。剧场的设计充分利用了声音的反射，包括来自环形舞台地板和布景的反射。这些反射增强了舞台上表演者的声音。罗马学者老普林尼曾说过：“为什么当剧院（舞台地板）覆盖上稻草时，合唱的声

---

① 巴隆，《厅堂音质与建筑设计·第二版》（伦敦：Spon Press 出版社 / 泰勒弗朗西斯集团，2010 年），第 276 页。

②B. 塞耶，“维特鲁威：论建筑，第五册”【翻译本】，网址为 http://penelope.uchicago.edu/Thayer/E/Roman/Texts/Vitruvius/5*.html，访问时间：2011 年 10 月 18 日。

③ 这就是为什么学校的老师总是不断提醒学生在为他们的父母集体表演时，要时不时转身面向观众。

④ 巴隆，《厅堂音质》，第 277 页。

音会不如之前那么清晰了呢？是由于落在不平滑的表面，声音变得较为分散，强度因此变弱，因而声音变小了吗？……这和光线照射在光滑的表面上，避免了干扰，而更加明亮是一样的道理。”[①]然而实际上，声音变小更有可能是因为稻草吸收了声音，而不是分散了声音。老普林尼的评论与现代家居设计原理颇有关联，现代家居多倾向于使用木质地板而非地毯，因而室内的混响效果会变得较之前更为强大。

古时的剧场在其良好的声学设计中经过反复试验，本身便为我们提供了引人注目的考古证据。[②]但其中并没有提及任何的现代科学认识。在对维特鲁威的描写中，学者巴里·布莱赛尔和琳达—露丝·索尔特总结道：“虽然他的一些见解能够得到现代科学的证实，但其余的都是无稽之谈。”[③]维特鲁威较为令人怀疑的想法包括：用几个大花瓶点缀影院四周有助于提高演员的声音。[④]维特鲁威著作的一个翻译版本中这样写道：“声音，从舞台的正中央发出，向四周传播，与不同容器的腔体发生撞击，这样的接触会唤醒与之相符的和音，增加声音的清晰度。”[⑤]

若声学工程的解决方案能够如此简单廉价就好了，可事实并非如此。花瓶并不会对声音产生多大的影响。对着一个大啤酒瓶的瓶颈或者一个硕

①E. 罗科尼，“希腊罗马世界的剧场与剧场设计：理论分析与实证法”，《建筑声学》第 C 版。斯卡里与 G. 劳森（剑桥：麦当劳考古研究所，2006 年），第 72 页。

② 许多学者曾经试图解码剧场的发展来找寻其中包含的声学知识，这些学者中包括康健和 K. Chourmouziadou“古希腊和古罗马剧场的声学进化研究”，《应用声学》69（2008 年），第 514—529 页。

③B. 塞耶与 L.R. 萨尔特，Space Speak, Are You Listening? : Experiencing Aural Architecture《空间说，你在听吗？——建筑声学体验》（剑桥、麻省、麻省理工学院出版社，2007 年）。这是一本阐明了建筑声学是如何影响我们生活的书籍。

④ 维特鲁威还主张利用共振花瓶来检测是否有攻击者在阿波罗尼亚的城墙下挖隧道。据 F.V. 亨特称，这些青铜器被吊在天花板上，而挖掘工具产生的冲击会激发共鸣，《声学起源》（纽黑文，CT 大学出版社，1978 年），第 36 页。

⑤ 塞耶，“马可·维特鲁威”。

大的罗马酒壶（比如 40 厘米高）吹气，你可能会听到低沉的、共鸣的嗡嗡声，这是玻璃壶中空气的共振频率。所有的物体都有各自产生振动的频率；用手指轻弹香槟杯，会听到从远方传来的声音，这便是玻璃的自然共振频率。但在埃皮达鲁斯剧场内，在座位旁的地板上放上一个酒壶，你听见的声音是不可能发生变化的。在一个酒吧演出过程中，若你走过空啤酒瓶，任何用于令酒瓶中的空气产生共振的能量都会在容器中消失，而声音也不会因此改变。

有趣的是，11 ～ 16 世纪间欧洲和西亚修建的约 200 座教堂和清真寺内都可以发现共振花瓶的身影。这些花瓶长 20—50 厘米不等，开口直径 2 ～ 15 厘米不等。然而不幸的是，当时并没有著作解释它们的用途。仰望高高耸立在伊斯坦布尔的苏莱曼清真寺，在略低于圆顶、装饰华丽的天花板处，可以看到 64 个黑漆漆的圆形开口，这些开口便被用为该清真寺的谐振器。[①] 位于拉特兰郡立定顿的圣·安德鲁教堂内，高处的圣坛上放置着 11 个罐子，其中 6 个位于北墙，5 个位于南墙。[②] 在位于塞浦路斯法马古斯塔的圣·尼古拉斯大教堂内，可以看到一些连接着隐藏的盆和管道的圆孔。然而，科学研究表明，这些孔可能毫无用处。[③] 一些花瓶的自然共振频率和演员说话或唱歌的声音并不匹配，若真想达到显著的效果，可能需要数百个这样的容器。

①M. Kayili，《经典土耳其建筑声学解决方案》（曼彻斯特：卢森堡大学科技通讯学院有限公司，2005 年）。

②A.P.O. 卡瓦略，V. 德萨尔诺和 Y. 劳伦奇克，“中世纪礼拜场所使用的陶瓷盆的声学功能——实验室分析”（论文在第九届国际声与振动大会上展示，奥兰多，佛罗里达州，2002 年 7 月 8—11 日）。

③P.V. 布鲁尔，“古代共振花瓶模型”，《美国声学学会学报》112（2002 年），第 2333 页。不少学者对花瓶进行测量，达成了类似的结论。

这种神话之所以出现并延续至今的原因在于声音是无形的，所以引起听觉效果的原因并不总是那么显而易见。随着 20 世纪的来临，记录和分析声学的电子设备才出现，因此计算诸如教堂内的复杂声场在当时是不大可能的。著名的建筑声学专家白瑞纳克记录了一些有关声学的神话。[①]其中，我最喜欢的故事是这样的：人们在一些著名的欧洲音乐厅内的舞台下、阁楼中、墙壁里以及槽隙中发现了破碎的酒瓶。这些文物是否可以如某些人所说，作为提高音响效果的古老技术的证据？实际上并不能，它们只能作为证明当时建筑工人的饮酒习惯的证据罢了。

白瑞纳克记录的另一个神话说的是木质的观众席最好，因为这些木质的墙壁能够像小提琴的框架一样产生共振。但实际上，将表面做得越坚硬越好，如此一来，声音才不会被无故地吸收掉。使用木质结构的一些较新的大厅，如东京艺术剧场音乐厅，实际上是在混凝土或其他厚重的基材上紧紧地贴了一层薄木板贴面而已。

在没有任何现代电子技术的帮助下，希腊和罗马的剧场内成千上万的观众依然能够听清表演者的声音，可以说是创造了显著的声音奇观。很显然，这些剧场在建造时是以达到良好的音响效果为设计目标的，但这足以说明希腊人是最早的声匠师吗？

声音是短暂的，刚刚产生便会瞬间消失，因此我们很难确切了解远古祖先到底听到了些什么。因此，史前声学的证据少且粗略。音乐文物倒是为我们提供了一些有关祖先声音世界的最有力的证据。

已知的最古老的吹奏乐器是在德国 Geissenklösterle 遗址的一处洞穴内

---

①L. L. 贝拉尼克，音乐，声学与建筑（纽约：Wiley 出版社，1962 年），第 5 页。

发现的，它们是用鸟骨头和象牙制成的笛子，属于旧石器时代晚期，拥有36000 年的历史。[①] 其中保存最好的一件是由中空的秃鹫翼骨制成的，约 20 厘米长，一端带有一个 V 形的凹口，共有 5 个音孔。

考古学家如何能够确认这些骨头便是乐器呢？这些孔也有可能是出自意外。令人难以置信的是，鬣狗在吞咽和反胃的情况下便会在骨头上留下圆形孔。[②] 但在 Geissenklösterle 发现的骨头制品很显然是有意为之且精心制作而成的，也就意味着这些孔是被精确且有目的的在骨头上留下来的。有人制作了一个复制品并进行演奏。若将秃鹫的翅膀骨头作为笛子，在端口吹气，会产生一个音符。若将该骨头当做一个小喇叭，朝管内伸舌呸气也能产生预期的效果。[③]

有很多证据显示，除了长笛，3 万年前的打击乐器和弹拨乐器也是利用史前洞穴和岩石发出响声的。石料制成的木琴看似是一种不太理想的乐器，只能发出沉闷的金属声而不是响亮的噹噹声，但有些石头却能发出绝美的音色。例子比比皆是：印度亨比维达拉神庙矗立的一排排细长音乐石柱发出铃声一般清脆响声；坦桑尼亚的塞伦盖蒂平原上的石锣是由卵石制成的，其表面满是敲击的痕迹，它能发出金属般的叮当声。

牛津大学的尼科尔·博伊文一直在南印度的库珀噶尔研究地表岩石。

①D. 里克特，J. 韦布林格尔，W. J. 林克及 G.A. 瓦格纳，“德国南部 Geissenklösterle 洞穴遗址旧石器时代中晚期及新石器时代早期热释光，电子自旋共振与碳 –14 年代测定”，《考古学杂志》27（2000 年）：第 71—89 页。这项工作登上了世界各地的新闻头条，因此在新闻网站上也可以找到这些信息，例如，P. 高希，“发现最古老乐器”，BBC 新闻，2009 年 6 月 25 日，网址为 http://news. bbc.co.uk/1/hi/8117915. Stm。

②F. 德恩里科和 G. 劳森，“声音的悖论”，《建筑声学》第 C 版。斯卡里与 G. 劳森（剑桥：麦当劳考古研究所，2006 年），第 50 页。

③ 伊恩·莫利，《音乐的进化起源与考古学》，达尔文学院研究报告 DCRR–002（剑桥：达尔文学院，剑桥大学，2006 年）。

粒玄岩是其中一类岩石，它在与花岗岩撞击时会发出响亮的节奏声。但古代人真的会用岩石演奏吗？最有力的证明莫过于敲击痕迹周边的新石器石刻画，原来千百年来人们都一直在使用这些岩石。在法国南部的费约马尔斯洞穴里保存着一块两米高的巨型石笋，能发出锣鼓一样的响声。表面出现的裂缝可追溯到两万年前。根据岩石锣声推断敲击痕迹出现的年份是一件十分困难的事情，在这种情况下我们可以借助裂缝表面方解石形成的新岩层大致推算出所处年代。此外，这个洞穴于近期才开始对外开放，许多留存下的史前人工制品可告诉我们人类在此居住的大致年代。

我小时候经常探索各种洞穴，管理员特意嘱咐我要好好注意保护那些精致的钟乳石和石笋。早些时期，大概 20 世纪中期，洞穴管理相对宽松，导致有人故意破坏文物，他们想知道岩石是不是一种不错的乐器，这当然是空想。弗吉尼亚州的卢雷洞穴以巨型的钟乳石管风琴而著名，游客们可沿着地下通道一路欣赏。

卢雷县的锡匠安德鲁·坎贝尔在 19 世纪晚期发现这一洞穴。1880 年史密森学会发表的一篇报告给出评论："世界上可能不会出现第二个拥有如此多数量千奇百怪的钟乳石和石笋的洞穴了。"威尔郡古坟遗址之旅过后大概一年，我便前往卢雷岩洞，洞内钟乳石千姿百态，令我震撼不已。钟乳石几乎覆盖了所有地表。岩洞管理员点亮了灯光，游客们便惊叹自己仿佛置身于电影场景里。

钟乳石管风琴所在位置便是参观之旅的终点。如大教堂般宏伟的洞穴中央矗立着一座形似教堂风琴的钟乳石，周边则是形状各异的钟乳石。不同于一般风琴通过压缩空气吹动风琴管来发音，这里每个钟乳石上都系着橡胶锤另一端连在风琴上，敲到键盘就能使钟乳石发出声音，钟乳石管风琴发出的音域能覆盖 3.5 英亩区域的空间。“它是世界上最大的天然乐器”，导游断断续续地用略带弗吉尼亚州的鼻音方言自豪地介绍着，他语速太快，有些话我都没听明白。

每一键都系在不同形状的钟乳石上，它总共能发出 37 个不同音调。1957 年某杂志发表的一本文章介绍说：“管风琴旋律响起，游客们都听得如痴如醉。即使曲调十分平和，但洪亮的音乐声响彻整个溶洞。”我似乎听到了 16 世纪马丁·路德著名圣歌《上主是我坚固保障》的旋律，但又找不出任何相似的曲调。原来是我产生了错觉而已；我走近发出 B 调的钟乳石，想看看它到底是如何发声。我发现，不同音调之间的音量十分不平衡。每一块发声的钟乳石连成一列，但由于洞内空间过大，一些钟乳石间隔比较远，发出的声音很小。站在我的位置，整段音乐听起来大致只有 5 个音调，与其说像圣歌倒不如说像一段前卫的实验音乐。

洞穴中央位置的钟乳石音量相对比较平衡，洞穴的回声效果扩大了音乐的响声。由于钟乳石演奏的音乐与洞穴回声交织在一起，音乐响起和结束的音调十分模糊。站在离钟乳石较近的地方，我便可以判断出不同音调。它令我想起了金属敲击声和教堂钟声。

利兰·W. 斯普瑞克林是巨型钟乳石风琴的设计者，他曾是在美国五角大楼工作的一名电子工程师。斯普瑞克林在参观卢雷岩洞时，导游用橡胶小锤敲击钟乳石发出声音，于是他受到了启发。之后三年里，他带着小锤和音叉不断在溶洞内挖掘音质好的钟乳石。钟乳石受到敲击后，它能随着洞穴的自然共振频率发出响声。因此，斯普瑞克林的主要工作是挖掘产生动听音调，并且能产生与音阶频率接近的钟乳石。他后来发现，形状奇特美丽的钟乳石往往不能产生动听的响声。最后仅有两处钟乳石音调合拍，其他必须重新调整。斯普瑞克林利用角磨机将一些钟乳石削短，由此来提高它们的音频，最终设计出了音调一致的钟乳石管风琴。

斯普瑞克林并未在管风琴形状设计上花费太多时间，因此它看起来像牛仔电工在笨拙地抢修溶洞电路。琴身安在靠近钟乳石和溶洞墙壁的区域，电线随意垂在空中，周边便无其他装置。

利兰·斯普瑞克林绝不是唯一热衷于岩石乐器设计的人。19 世纪，约瑟夫·理查森用了 19 年时间才设计出石头木琴，其原料是英国湖泊地区角页岩石片。据《文化杂志》报道，理查森为人低调、谦逊，并未受过任何教育，但却极富音乐才能。巨型木琴正收藏于坎布里亚的凯西克博物馆和美术馆内，游客们都有机会去亲自体验一把。

图 2.2 中的“岩石口琴”呈两排分布，均长达 4 米，指挥棒和响铃放置在上层。低音部分的音调有些失衡，但整个乐器音调十分丰富。有些石头可发出美妙的声音，就像木琴弹奏的音乐声，但有些石头发出的响声就像有人在用棍棒敲击啤酒瓶身。打击乐高手肯定能比我弹奏出更为动听的音乐。据史料记载：“‘岩石口琴’敲击发出声音的音质基本与乐器一致，但有时候技艺超群的演奏家却能弹奏出比钢琴声更为圆润和丰富的曲调。”一名打击乐高手必备的关键技能之一就是快速操控木槌，这样就不会影响乐器本身产生的振动频率。根据博物馆管理员介绍，“岩石口琴”整体音调偏高，也就是说，它的音频比标准音阶更高。约瑟夫·理查森在给岩石乐器调音的同时凿掉了一部分岩石，这样音调频率相对提高。但如果他削去过多的岩石，整个岩石片发出的声音便会十分尖锐，要想再降低音调就很难了。

图 2.2 理查森设计的“岩石口琴”

我在石琴上拙劣缓慢地演奏着《天佑女王》——正合时宜，维多利亚女王要求在白金汉宫举行一场御前演出，传单上宣称这场公众音乐会是“Original Monstre Rock Band”（首创岩石演奏乐队）。美国《时代》杂志报导，首场演出是“英国最特别、最具新颖的表演之一”。理查森一家人在英国和欧洲大陆其他地区举行了巡回演出，演奏着莫扎特、多尼采蒂和罗西尼的不同曲目。

约翰·罗斯金是维多利亚时期一名伟大的作家和评论家，他用 8 块岩石设计出了石板琴。而 2010 年就在罗斯金曾居住过的湖泊地区旧居，新式石板琴公布于世。著名打击乐高手伊芙琳·格伦尼弹奏着新式石板琴进行了一段庆祝表演。新式石板琴共有 48 个键，呈弧状围绕着打击乐手。乐器主要由当地山区采集而来的绿色板岩、蓝色花岗岩、角页岩和石灰岩组成。马丁·温莱特在撰写英国《卫报》文章时写道，不同岩石发出不同响声：“熔渣岩的声音短促而有力，绿色板岩的声音纯净而轻柔。”

合作设计出新式石板琴的地理学家和音乐家们同时探究了岩石发声原

理。岩石的尺寸、形状和材质决定了声音频率的高低。但我更感兴趣的是为何有些岩石能发出锣鼓般的当当声，而另一些则是低沉声。打击乐手敲击岩石时，仅几秒内岩石内部能量便聚集，随着岩石不断振动逐渐转化为空气中人们可听到的声波。而发出低沉声的岩石能量损失速度过快。上等的酒杯只要轻轻敲击就能发出清脆响声。但如果你将一个手指放在杯口边缘，声音会立刻消失。手指与玻璃之间的摩擦阻止了振动，便听不见响声了。同样的，岩石内部结构起到消音的效果。

2010 年，我在 BBC 广播节目中采访了一位小提琴制造商，向他询问了如何挑选合适木材才能制作出音质上等的小提琴。他带我参观了落满灰尘的工作间，邀请我一一敲击木材判定不同音质。只有那些颗粒密度和显微组织符合要求的木材才能持续发出几秒的清晰响声——这也是制作顶级小提琴必备的完美木材。其实与岩石是一样的道理。在岩石内部，振动通过分子间相互传播。如果出现断裂或细缝，振动便很难继续传播，声音自然就变得低沉。在蒸汽时代，铁路专用的车轮敲具亦遵循同样道理，通过小锤敲击火车车轮检查是否存在机械损坏情况——光用肉眼是看不出来的。如果敲击声不够响亮则说明车轮出现裂缝，不及时处理的话会给车轮造成灾难性故障。火车故障当然除了车轮裂缝还存在其他原因。敲击砂岩时，它不会发出清晰响声，但敲击板岩却能发出锣鼓般的声音，就像在凯西克博物馆演奏时的情况一样。砂岩和板岩均为地下沉积物，但板岩经过千万年的压力作用后密度更大，分子结构也更为有序。敲击发出的振动很容易在排列有序的分子间相互传播，而砂岩松散的沙粒则无法达到以上效果。

我的妻子喜欢在煲电话粥的时候在屋里来回走动。在不同房间走动时，她的声音发生了奇妙变化，不管是家人还是电话另一端的接收者都能发现。在厨房打电话时，她的声音高而刺耳，原因是坚硬的瓷砖反射效果强，而在软装饰（有消音的效果）的卧室时声音则变得清晰而缓和。手机内置的麦克风接收妻子的说话声，传出的声音在墙壁、地板、天花板和房间其他物件间来回反射。在和我通话时，她不能跑去卫生间，因为回声无法传播开来。房间大小也很重要，在大房间发出的声音更为清晰浑厚。

现在想象自己回到史前时代，在光线微弱的山洞系统里漫游。你的声音经过一个个狭窄入口和弯曲过道从一个山洞传到另一个山洞。声音品质由于岩石反射模式不同也会有所不同。在大洞穴里你可能会听到响亮的回声，在极端情况下其声音与教堂产生的声响无异。但在一些狭小拥挤的洞穴里，声音失真现象则时常发生。

我所在大学的一间老旧教职工房间可听到绝佳的失真效果。呈长方形的房间十分普通而又狭窄，椅子整齐地排列在两边，像极了火车站的候车室。头几次走进这间房时，我注意到别人的说话声出现失真。大幅度来回摇头竟然能改变同事声音的音色。如果我站在特定的位置时，他们的声音听起来十分低沉而有力，但在其他位置上声音便极小而又难听，出现了失真。同事们都以为我喝醉了才会这样，但当我再来回走动仔细听了听我们的午餐闲谈对话，好奇心终于战胜了自我意识。

我左右摇晃脑袋时，房间内的声音发生了变化，好像有人在不断调节高保音响的多频音调补偿器。失真现象出现的原因是声音的失衡，一些声频提高，另一些声频降低。声音失真这一说法似乎有些荒唐，但我们常用来形容声音的词汇也是从其他地方借鉴而来：明亮、温暖、死寂、有活力等。颜色与声音之间的关系可追溯到很多世纪以前，那时艾萨克·牛顿发现三棱镜折射出的浅色光距离与将绳子拉直至到发声长度有相似之处。

直至今日，一些声学工程师在进行测量工作的时候也会使用“白噪声”（覆盖使人心烦的噪声的干扰音响）和“粉噪声”（一种不规则的噪声）。各种颜料混合在一起可以形成一种特定的颜色，原因在于不同颜料改变了放射光的频率平衡。与红色颜料相比，蓝色颜料可反射更高频率的光线。同样的道理，声学工程师利用颜色描绘声音中的主频率。白噪声包含所有同等数量的频率，是一种像信号不好的收音机发出的嘶嘶声。

欣赏声音失真现象的最佳场所是楼梯间，两边墙壁平行对立。只需要拍拍手就能听到一声尖锐的高音。它被称为颤动回声，形成原理是平行墙壁内的声音来回多次反射，每隔一段时间你便能听到响声。颤动回声的音频取决于声音从耳边传到墙壁，再从墙壁反射回来的时间。如果楼梯间比较狭窄，声音传播更快，反射回来的声音接踵而来，如此耳边便会出现一声尖锐的高音。而相对宽敞的楼梯间反射时间长，声音频率则相对低了。

此生我经历过最为极端的一次颤动回声是艺术家詹姆·芬纳在英国柴郡塔顿公园展出的一个短期艺术品——荷包蛋间。它其实是一个球形暗箱，直径大概一米长的金属球顶在类似花园棚屋的建筑上。你可以把头伸进金属球里面，看到整个公园上下颠倒的图像——詹姆·芬纳受到青年时期在此处吸毒时的那段记忆启发而创作了这个视觉扭曲的艺术作品。展览目录描绘该艺术品里面的声音“扭曲而又混乱”——在欣赏这个作品时人们似乎有失重感觉。看到无数人将头伸进金属球里，体验声音带来的奇妙感受，都会令我感到高兴。与楼梯间声音原理无异，金属球每隔一段时间便出现声音反射的现象。由于球体弯曲表面可聚集声音，反射作用特别强烈，所以便出现声音失真现象。

在天然洞穴中你很难找到一个适合的位置研究回声，但是你可以听到明显清晰的回声。史前人类是否有可能已探索过狭道山洞中或一些大洞穴中常常听到的悠长回声呢？假设我们的祖辈早已发现这些现象，那该是多么意义非凡的一件事，即使当时照明条件不佳，但却能在建筑物出现之前便见识到如此不寻常的音响效果。事实上早在 19 世纪 80 年代，声音考古学家就逐步证实，岩石艺术多出现在声音效果比较显著的地区。伊格尔·列兹尼科夫正是该领域研究工作的先驱之一。

虽然纹饰洞穴过道极为狭窄，人只能爬行穿过，但这次研究中他们取得一项惊人发现——洞穴过道两边墙上红点与其共振最大值之间的关系。当你在黑暗过道前进、爬行和发出声响时，整条过道突然发生共振现象。你举起火把一看，发现墙上便出现一个小红点。

声音对人类祖先的绘画文明似乎产生着深远影响。声音考古学家史蒂芬·沃勒试图通过系统分析每一个声区出现的事物，为此领域研究提供更为坚实的科学基础。他在《自然》杂志上发表论文称："在法国冯·特·高姆洞穴和拉斯科洞穴的深处，马、公牛、野牛和鹿的图像出现在声反射频繁的区域，但猫的艺术图像则在声音出现频率低的地方被发现。"我们的祖先似乎早已开始探索洞穴中的各类声音，他们留下的大量岩石刻画中讲述了相关故事，其中包括蹄类动物的洪亮叫声由于声音反射被放大，而小猫的叫声却未得到强化。

大量证据表明，史前岩画艺术受洞穴声音影响的这一推断是可信的。不过，退休的航空工程师大卫·鲁布曼曾成功将声学应用到考古遗址的研究中。他给出了中肯的忠告：这两者有一定的关联但并不代表是因果关系。

我与大卫约好在洛杉矶的一家越南餐厅见面，他向我详细介绍了自己的考古工作。他的妻子布伦达也一同过来，但她很有先见之明。自己开车过来，这样可以早些离开，因为她知道丈夫一旦谈论到喜欢的话题，就停不下来。

“必须给戴弗斯（另一个研究学者）和列兹尼科夫以及他们的重大发现高度赞扬，”大卫说，“我相信这也是我人生的转折点。”接着他继续解释，相比采用列兹尼科夫测试洞穴声音的方法，可靠的科学声音来源更为重要，而且实验者往往自己也有想法，也不一定会接受整套方法。大卫提出假设，绘画者选择无孔岩石作画的原因是它比较方便。碰巧的是，无孔岩石声音反射效果最强。声波无法穿过不透水岩层，声音便直接反射回来。与之相反，带孔岩石有很多微孔，声波可以直接进入这些空气通道。在声学中，空气就像糖浆似的黏性流体，只是流动速度更快。当声音进入带孔岩石的微孔内，传播声音的空气分子不断振动，但随即能量消耗，便不再振动发热。因此带孔岩石比无孔岩石反射效果差。

一走进如洞穴般如此安静的地方，你会听到各种回声，想象着我们的祖先处在同样环境下在思考些什么呢？一定有一些东西令人着迷，深入大脑和灵魂深处，不一会你便能听到那些最原始的声音了。

上文是史蒂夫·沃勒在参观完野外古岩画后的亲身感受。沃勒认为，大部分人在参观史前遗址时错过了这种体验。我们可以在靠近岩画的地方拍手、吼叫或唱歌，测试声音效果，甚至最好后退几步听听回声。举例来说，曾在澳大利亚洞穴里听到的回声真是“诡异”，他描绘道：“你对着有人物画像的岩石吼叫，反射回来的声音就像有人在和你聊天一样。”你在近圣地亚哥的印第安山也会经历类似情况。声音重复不断地在洞穴入口发出回响：“正如岩石在大声呼唤，幽灵们从它们所在画像的地方响应着。”经墙壁或洞穴反射的声音必须与直接从喉咙到传到耳朵的声音分开，才能听到以上的效果。同时你必须面朝岩画退后几步，这样回声才能延迟。“可惜的是，大部分人都在距壁画几英寸的地方观察研究它，彼此说话都压低嗓音。”沃勒反映：“他们从来不会退后几步再去观察或倾听，所以只见树木却不见森林。”

另外，我发现以游客身份研究声学颇为困难，许多遗址为保护岩画文物严格限制人口出入，有些遗址甚至已改头换面。我一直希望有机会去法国拉阿布里（L’Abri du Cap Blanc）——大批史前雕像岩石都藏在这里，顺便研究这儿是否也会有回声出现？但这一计划不幸泡汤了，因为当地政府为保护遗址不被外界因素破坏，在周围修建了许多保护建筑。在我看来，阻碍人类发现声学奇迹的一大因素是善意地保护岩画文化，却忽视了声音的重要性。

沃勒分别在犹他州的马蹄峡谷和美国亚利桑那州的象形峡谷开展数据分析。后者位于凤凰城边缘的迷信山脉，那会我正在附近参观卢雷溶洞里的巨型钟乳石管风琴，顺便就去峡谷游览了一番。我在日出时分就启程，不想遭正午太阳暴晒（日最高温达 41℃）。我一边赶路前往印第安岩石刻画洞穴，一边欣赏坡上如星星般点缀的树形仙人掌，徒步行进 2.4 公里后终于抵达目的地。画像刻在大峡谷的岩石内，旁边河水哗哗流着（我 6 月去参观那时，河流全干了）。有着千年悠久历史的几何图形——古代霍霍坎人用简单线条勾勒出羊和鹿的图像——与文物毁坏者的乱涂乱画混杂在一起。

抵达峡谷后不久，我结识了一个大家庭，人都十分友好，一路上欢声笑语。这家父母总有办法一大清早就把孩子们叫醒。由于无法进行声音测量，我便坐下休息，听听这个大家庭玩耍和探索峡谷的声音。孩子们只要大声嚷嚷，清晰的回声就会在整个 U 形山谷里回荡。当他们在近岩石刻画的地方嬉戏奔跑时，其脚步声和高音叫声由于受到半封闭岩石的回声影响出现失真。这种现象不仅仅出现在岩石刻画周边地区，许多未刻画的地方也会发生类似情况。

即使在阴凉处，极高的气温也令人全身乏力。我禁不住想，不管峡谷声音回响多么有趣，正是有水，霍霍坎人才会在此生存发展。唯一研究马蹄峡谷的考古文献记载，流水经过的周边地区是艺术创作的最佳地点，大批羊群聚集在这儿饮水觅食。

犹他州马蹄峡谷的大画廊中展示着一些雕刻精美的鬼神图像，有些尺寸甚至与真人一般大小。据波莉・沙福玛描述："用暗红色的颜料刻画出阴暗的拟人化图像。出现在以砂岩为主岩石拱洞和洞窟顶上。"峡谷周边岩刻画分布的地区回声效果最强，总共四处，沃勒的数据分析显示，出现此类地点的概率是万分之一。无回声现象，同时适合岩石刻画的地方通常是未有任何壁画装饰的。

马蹄峡谷近 90% 的岩石刻画主要是蹄类动物，比如北美野牛或水牛。沃勒认为，打击产生的回声就像动物行走和奔跑的脚步声。慢动作镜头显示，马的双蹄几乎就要落地，同时你也听到" "的马蹄声。站在前方几十米直立着一块宽大的平面体前，有节奏地拍手，你就可以模仿这个响声。其实无须利用回声你依旧可以产生节奏。蹄类动物行走或飞奔时，双蹄落地会发出一种轻快的节奏声——就像小时候用两瓣椰壳敲击的声音。

考古声学的这些理论值得仔细研究。一些主流考古学家最先质疑大卫·鲁布曼以及他提出的玛雅金字塔回声观点。他向我解释："我原以为，听到有人对他们曾忽视的研究有了新发现时，考古学家会欣喜不已，但结果他们却对我发火。"

库库尔坎是玛雅神话中的羽蛇神。库库尔坎金字塔坐落在墨西哥的奇琴伊察，于公元 11—13 世纪修建完成。金字塔约六层楼高，其方形基底大小等同于半个足球场，塔四面的中央位置各 91 级台阶通向顶部神庙，顶层是一座 6 米高的方形坛庙。参观金字塔时，如果你拍拍手或发出叫声，导游会十分开心。保证自己站在恰当的位置，即离底部台阶大约 10 米距离，然后台阶传来的回声就是一种音调逐渐下降的嘎嘎声。大卫·鲁布曼声称，这个声音像极了圣鸟凤尾绿咬鹃的叫声。

不妨自我想象一下，古代的玛雅祭司正在主持仪式，以夸张的动作拍手召唤圣鸟凤尾绿咬鹃。这真有可能发生吗？玛雅人在修建金字塔时特意设计的音响效果背后是否有其他的原因？难道又是一个古代高超技术无法流传于世的遗憾？

本书第四章将进一步详述声音效果的物理原理，但我们很清楚许多台阶也能产生类似的声音，所以玛雅金字塔上台阶能产生回声便不足为奇了。哈德斯菲尔大学的音乐学者鲁伯特·蒂尔证实，那时他正在曼联队家乡的老特拉福德体育场等待《英国偶像》海选开场。蒂尔长期研究古代声学，于是他更加好奇体育场的梯形台阶会不会像玛雅金字塔一样产生回声。结果是肯定的，蒂尔拍手时，同时可以听到一声独特的声响。只要是正常人，谁都不会去想体育场的梯形台阶是特意为产生回声而设计的，所以玛雅金字塔发出响声是不是仅仅是个意外呢，又或者是供式专用呢？

然而大卫·鲁布曼说，他很难相信这竟然不是有意设计之作，也很诧异很少人注意到这一点。他越说越带劲，向我解释声学现象与不同时段投射的光影有一定关系。春分时刻，金字塔台阶上出现“之” 字形光影——圣蛇雕像后面便拖着一条长尾巴。其原因在于凤尾绿咬鹃作跳水姿势，看起来就像飞翔着的大蛇。阶梯底部是蛇首，有时候你必须得拍手才能听到叽喳的响声。回声可帮助人们真正了解影子的形状。

在我看来，存在以下三种可能。第一，玛雅人有意设计金字塔，突出蛇影和发出响声的台阶。第二，他们并未有意设计，但后来发现金字塔可以发出独特声音，于是将其与祭祀仪式结合在一起。第三，可能就是导游早就发现这个回声，然后为了取悦游客自己瞎编了这个故事。

要想一一证实以上三种推测绝非易事，好比计算古建筑与星星和太阳的方位。许多建筑物都是以一种有趣的方式呈天文学排列的，但要证明如此排列方式是故意而为是不可能的。我们也许可从现代的例子得到启示，因为它们通常由文档记载，可解决这些争议。北美、欧洲以及亚洲地区等均建有回音廊，在这儿你可以听到诡异的声音从墙里传出（见第五章）。世界上许多地方都存在类似声响建筑，所以我们很容易认为这些建筑是有意设计的。但其中很多并非如此，而且没有一座建筑是专门供典礼和仪式使用——就连一些教堂建筑也不例外。

我实在很难接受玛雅金字塔是有意设计才发出回声，但我更愿意相信古人是为祭祀仪式而特意发出这种声音。不管你相信哪种猜测，参观奇琴伊察遗址最重要的是懂得去身临其境测试一下这种回声，并想象着千年前玛雅祭司也做了同样的事情，召唤凤尾绿咬鹃——上帝派来的信使。

风在那座座巨大的建筑物中间吹着，发出一种嗡嗡的音调，就像是一张巨大的单弦竖琴发出的声音。除了风声，他们听出还有其他的声音……在他的头顶上，高高的空中还有一件物体，使黑暗的天空变得更加黑暗了，它好像是把两根石柱按水平方向连接起来的横梁。他们小心翼翼地从两根柱子中间和横梁底下走了进去；他们走路的沙沙声从石头的表面发出回声，但他们似乎仍然还在门外。这座建筑是没有屋顶的……“这里是什么地方呢？”

以上对于巨石阵的戏剧性描述是取自托马斯·哈代著名作品《德伯家的苔丝》的结尾部分。托马斯将著名的环形石柱比作“风之殿堂”。但令人遗憾的是，现在我们无法再听到风发出的嗡嗡声，其原因可能是在 20 世纪，许多石柱被转移或重新调整过。即使听不到“嗡嗡声”，正如哈代描述的那样，石阵仍能给人带来惊喜，因为它们可以产生意想不到的室内声音效果。

巨石阵是世界上最具代表性的史前遗址之一，吸引着大批好奇心强的声学考古家们。关于古代居民建造巨石阵的原因，现如今有很多看法。忽视最荒谬的一种猜测，即它是不明飞行物的着陆点，它最有可能是古代举行祭祀仪式的地点。不管是祭祀庆典还是哀悼，文化、仪式都离不开声音，所以极有可能是古代人在巨石阵里发表讲话、演奏音乐或者发出其他声响。

一天清早日出后不久，我的同事布鲁诺·法曾达和音乐学者鲁伯特·蒂尔一同在巨石阵开展了常规声学测试——气球爆破实验。据布鲁诺描述，阳光透过薄雾和云层，直射到巨石阵里，这美景令他叹为观止。但巨石发出的声音却未给他留下如此深刻的印象。当他站在巨石阵中央拍手或挤爆气球时，只能听到从部分砂岩残石（以标志性巨石做柱，上卧一巨石做楣）传来的微弱回声。遗憾的是，现存巨石阵与古代的完全不同，周边道路污染噪声并不是罪魁祸首。由于一些巨石转移或重新调整，现在它发出的声响早与往日的辉煌不可同日而语。

为了听到最原始的声音，布鲁诺和鲁伯特决定驱车前往 8000 公里外的玛丽丘，它是巨石阵的完美复制品。一个名叫山姆·希尔的美国富人为纪念在第一次世界大战中死去的战友，出资修建了纪念碑，石头祭坛于 1918 年 7 月 4 日正式落成。前往英国的路上，希尔得知巨石阵可能曾进行活人祭祀，于是他认为参观史前纪念碑也是对克里基塔县的军人所遭受的痛苦与损失表示自己的敬意。

在一个酷热难耐、尘土飞扬的夏天，布鲁诺和鲁伯特在玛丽丘开展了详细的实地调研。为了解该地的声学效果，他们必须发出大声的捶打声和唧唧声，遛狗者和游客们对此很是不满。布鲁诺和鲁伯特因此决定早起，赶在大风未给麦克风带来过多的风振噪声之前便启程前往目的地。幸运的是，纪念碑几乎完全参照巨石阵原始布局修建而成。这两者当然会存在不同之处：玛丽丘的混凝土砖过于方正，让人不禁联想到 20 世纪 70 年代的房顶设计，而巨石阵则完全不同，每一块石柱形状各异，各具特色。即使如此，以自身对音乐厅声放射设计的理解，我认为此差异对声音无明显影响。

“伫立在哥伦比亚河岸附近的玛丽丘堪称建筑史上惊世之作。它也是一座研究价值极高的建筑模型，透过它我们可以了解过去，引导你去想象原始的巨石阵究竟是什么模样。”布鲁诺向我解释道。同时他进一步描述着，进入石阵内，踩在碎石上的脚步声不断变化着，竟然给人一种身处室内的感觉。与哈代作品《德伯家的苔丝》中描述的感觉一模一样。

调研初期，声音测量的结果令我震惊。我在玛丽丘爆破一个气球，响声会在石阵中出现超过 1 秒的回声，声音衰退时间与学校走廊大抵相同，但比室外空地的衰退时间长。在我看来，石阵上方并无覆盖物，石块之间空隙较大，声音理应直接从石阵上方传播出去，但结果并非如此。一些声音在石块间来回反弹，音量比响亮的学校走廊回声低很多——声音反射相对较弱，你必须仔细聆听才会发现这两者的差别。无论如何，这些回声在宗教仪式中还是会起到重要作用的。正如布鲁诺所说："这真是一个适合演讲的好地方，石阵产生的回声效果可以放大你的声音，即使有人站在石块周边能听到你的声音。"

巨石阵内侧的石头经过精心打磨表面光滑，呈凹面状，而外侧的石头则粗糙得多。声音考古学先驱亚伦·沃森和大卫·基廷推断打磨石头内侧的目的是希望起到聚音的效果。但布鲁诺在玛丽丘纪念碑考察时却未听到石阵产生明显的回声。外侧砂岩石块也许能产生聚音的效果，但内侧石块会隐藏所有接收到的回声。因此我们几乎能在同一时间听到原声和回声。玛丽丘的内外侧石块间距过近，原声和回声不存在很大区别，所以我们几乎听不到任何回声。布鲁诺和鲁伯特一直期待着在巨石阵内听到回音廊的效果，但石块之间过密的间距打破了他们的希望。最后他们失望而归，既没听到低音回声，又未感受到哈代笔下的"风之殿堂"——即使那天下午大风呼啸，仍未听到期待的声响。

我一直希望自己有机会亲耳听到一次古代声学共振，正如布鲁诺·法曾达痴迷于巨石阵的回声，于是启程前往英国威尔郡的新石器时代古坟遗址。此行我还有一个比较世俗的目的：很想体验曾声名狼藉的学术论文中提到的封闭空间共振。1994 年，罗伯特・雅恩和同事一起在 6 个不同的古建筑内开展所谓的“初步声学测量”。他们的实验结果是封闭空间能产生声音共振。

和罗马酒壶一样，啤酒瓶内的空气也能发出一定的共振频率，所以，你对着瓶口吹气的时候的瓶子就会发出同长笛一样的唬唬声。或者更具体地说，当你对着瓶口吹气的时候，瓶口的一小团空气便开始反复与瓶身内部的空气发生相互冲击发出回声。几乎所有瓶子都能发出同样的声音，除了瓶口细长的瓶子一般发出低频响声。瓶口细长意味着瓶口的空气振动的时间更长。此外，瓶身推挤的空气更多，共振的频率自然就低很多了。

雅恩的同事保罗・德福罗在 2001 年发表的一本著作中提到，古建筑都有一定的共振频率，有目的性地放大了人类的声音。这一推断激怒了声学科学家和数学家马修・赖特，他反驳说，所有封闭空间比如浴室或墓室，都能产生共振——即使无法产生空啤酒瓶一样的显著的响声，但在你沐浴时仍能使你陶醉于自己完美的歌声中。赖特撰写了一篇会议论文，标题为：“从声学角度上看，新石器时代的墓室与家中浴室有区别吗？”

我决定利用威尔郡古坟遗址的气球爆破实验和浴室声音测量这两项实验亲自证实赖特研究的真实性（图 2.3）。这两图均以锯齿形线表示，存在明显的波峰和波谷。波峰代表出现共振的频率值。如果歌手产生波峰频率的声音，其歌声更加圆润和饱满。假设你以 100Hz 以上的频率唱歌时，声音共振现象会出现，使你的声音更为洪亮和丰富。声音继续提高至 150Hz（一个纯五度的音程，《星球大战》主题曲中前两个音符的变化跳度），图示中的波谷显示此时不会出现显著共振，所以声音变得单薄。100Hz 的声音共振正好发生在人类所能达到的最低音处，模仿巴瑞・怀特演唱《我无法得到你足够的爱，宝贝！》（这首歌曲更适合在浴室而不是墓地哼唱）是最适合不过了。

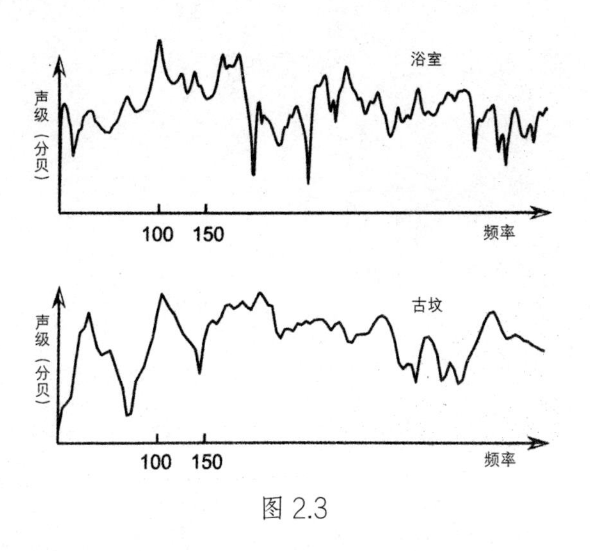

图 2.3

从上图两者峰值可以看出，浴室和墓穴在共振频率变化上惊人地相似。两者在尺寸上也相似，一个人刚好可以躺进去，虽然一个是被抬进去一睡不醒，而另一个是欢快地享受热水澡。这表明它们都能在一定频率范围内通过共鸣来扩大声响。

马修·赖特在论文中指出声学不大可能会影响墓穴的设计。实地科学勘探后，我不得不同意此观点。与一般墓穴相比，威尔郡古坟遗址的十字形墓穴并未产生明显的效果。他们都庇佑我们的先祖，特别是先祖的亲属们在墓穴里为他诵经唱诗时，墓穴能更通过共振频率来增加肃穆的气氛。

在 21 世纪，我们对充斥在高楼大厦间的、基本上毫无间歇的回声早就习以为常，所以轻易地忽视了我们远古先祖们精心设计的墓穴和石阵中产生的那令人称奇的音效。无论史前巨石阵、威尔郡的古坟遗址和其他史前遗迹设计的初衷是什么，我们都应重现我们先祖们的听力技能，以便更好地了解史前历史。我们要做的第一步就是认真聆听动物们的声音。

第三章　会叫的鱼

参观完英国威尔郡后大约一年，我与其他 30 余人一起在一个春寒料峭的日出之日，启程去往约克郡雕塑公园聆听鸟儿们的清晨合奏曲。邓肯是我们一行 30 余人的向导，典型的约克郡人——直率但不苟言笑，不愿多说一句废话。“你怎么知道它是大山雀？”我吱声问道。“听多了，看多了，自然也就知道了，”这是他给出的最为直接的答案。此刻，我们置身于大片树林和雕塑中，林中的风信子点缀着树丛，清晨的阳光沐浴着整片森林，万物复苏，而此时你只需要静静聆听。正如邓肯所说，我们来这儿走走，聆听鸟儿清晨合唱，仔细观察鸟叫声正是我们要做的事。

首先我粗略听了耳边出现的各种声音。既然春季已到，随处都是鸟儿们叽叽喳喳的叫声，都是一阵阵美妙歌声。邓肯并没有马上给我们开展详细介绍，这一做法十分明智，因为停住脚步，仔细聆听确实能给人以很大启示，令我深刻体会到鸟儿清晨大合唱的复杂多样性。我无数次尝试着数清楚到底有多少只鸟儿在发出叫声，这些声音又是从哪里传来的，也试着竖起耳朵仔细观察某一种鸟叫声，就像乐队指挥聆听某一种管弦乐器。朝远处山脚的湖边望去，一群鹅在喧闹着，它们似乎在不断尖叫着；斜坡上传来斑鸠的咕咕声；朝锈迹斑斑的雕塑方向看去，乌鸦们发出标志性的呱呱声。整片树林满是唧啾婉转的鸟鸣声。我的注意力开始集中在听一只鸟儿发出的连续音符上，邓肯告诉我它是知更鸟。我家花园时不时有知更鸟拜访，但我从没发觉它们发出的声音是如此丰富。棕柳莺、五子雀和苍头燕雀也都能发出美妙丰富的声音——我怎么会忽视这些大自然合唱的丰富多彩，而笼统地将这些演奏家弹出的乐曲统称为鸟鸣声呢？

相关声音科学文献对于个体生物发出的声音研究更是少之又少。单个研究类别中不仅包括鸟叫声，还涉及其他自然声音。科学文献一般分为两个类别：自然声音和非自然声音。人们普遍认为，纯天然的东西对健康有益，于是大力鼓励使用，而非自然的声音是有害的，应该设法减少。这一论断过于简单，大批研究学者，比如埃莉诺·雷德克里——这位萨里大学的环境心理学家认为这一做法十分不可取。埃莉诺现正研究人类对于鸟叫声的各种反应。在进行的一项调查中，她发现尽管鸟叫声是最常听见的自然声音，但近四分之一的调查对象反映有些鸟叫声也很烦人。举例来说，有人经常抱怨喜鹊发出的刺耳喳喳声，一部分原因可能在于现在其他鸣禽类越来越少，人们听不惯喜鹊声，便把过错全推到喜鹊身上。

与此同时，埃莉诺也在开展其他实验——研究与一般鸟叫声相比，悦耳动听的鸟鸣声是否能帮助人类缓解压力。在一项实验中，她发现来自新西兰的一种体型娇小的橄榄绿森林鸟发出的鸟鸣声最受欢迎，能有效帮助人类放松心情以及缓解精神疲劳。灰胸绣眼鸟发出的叫声清脆悦耳，十分典型。与之相比，松鸡发出的尖锐叫声非常难听，对缓解压力和精神疲劳没多大用处。

动物叫声是人类与自然世界交流的关键所在。昆虫、鸟类和其他动物发出的声音是人类记忆中不可或缺的一部分，能唤起我们对时间、地点以及季节的回忆。对我来说，一听到乌鸦发出的呱呱声，我的脑海里马上会浮现一幅场景——暮色降临，游走在英国村庄的墓地附近，看到一群鸟儿归巢栖息。蟋蟀节奏分明的嗡嗡声则将我的思绪牵引到了另一片美好天地——在法国南部野营，度过无数个宁静美妙的夜晚。若我耳边响起狐狸发情时的可怕尖叫声，便立刻想起曾从睡梦中惊醒，脑袋里满是婴儿在卧室窗边被残害的场景。许多自然声音和狐狸叫声一样难听，难道这些声音会对人类有益吗？

纪录片导演们仅从视觉角度勾勒自然世界，认为它是唯一重要的感官。可惜的是，在许多自然历史电视节目中，我们几乎听不见野生动物的声音，节目通常以乐器背景音乐和图像为主。我曾向自然历史录音师克里斯·沃森请教过这方面问题。如果你观看了任何英国广播公司近期推出的自然历史节目，克里斯很有可能就是其录音师。他以柔和缓慢的声音，略带北方口音地向我解释道，加上背景音乐的目的是为了带动观众的情绪："这简直太糟了，没特点，繁杂，就像体内注入多余的类固醇。"但减少自然生物发出的声音是人为控制的。你是否经常听到未见过的野生动物发出的声音，它们不常见吗？这些声音带给你什么感觉？

这些事实未必能给你带来震惊，但科学家似乎已得出结论：自然事物在很大程度上对人类有益。一项著名研究表明，如果经过胆囊手术后的病人住在可欣赏窗外美景的病房，他比同样情况下住在面朝砖墙的病人出院得早。实验室研究也显示，自然疗法的确有助于缓解精神疲劳。心理学家马克·伯曼与其同事一起评估了研究对象的心理能力，举例来说，引导他们记忆和依次按反顺序说出一连串数字。他们接着被安排去公园或市中心安阿伯市（美国密西根州）散散步。稍做休息后，专家对研究对象进行重新测试，结果显示在大自然环境下散步的对象比那些在市区散步的表现好得多。

大自然可以有效缓解压力。罗杰·乌尔里希和同事一起统计了 120 名大学生志愿者在观看几段影像后的反应。所有学生首先全观看了一部特意制造心理压力的影像，描绘了木工车间发生的事故以及遭到严重伤害、流血和肢体伤残的场景。紧接着在第二部影像中，一半学生观看了与自然相关的视频，而另一半学生则观看了与城市相关的视频。在观看第二部影像过程中，专家们一边采取生理测定抱怨身体出了太多汗，一边要求学生对自我情感状态评定等级。结果显示，与观看城市影像的学生相比，观看自然影像的学生可以更为迅速地从事故影像中恢复过来，压力得到快速缓解。

遗憾的是，该领域仅有少量研究重视声学的作用。其中一个罕见的例外就是约瑟夫・阿瓦森和同事们一起开展的研究。他们给 40 个研究对象分配复杂的心理算术任务，制造一定的压力。接着，他们安排一部分研究对象聆听喷泉声或鸟鸣声的录音材料，另一部分则是交通噪声，以这种对比方式探究不同声音环境下压力恢复情况。但实验结果仍不明晰，自然声音仅仅对研究对象的流汗多少这一生理措施起到积极作用。

如今出现了三类解释大自然对人类有益的理论，但它们却相互矛盾。第一类是进化理论，认为对自然事物的偏爱可渐渐鼓励人类找寻富饶的自然环境，在那儿我们可自寻食物以谋生。第二类是心理理论，认为大自然帮助人类走出自我，引导我们学会积极思考，同时给予我们一种有些事情“比自我生存更有意义”的归属感。第三类理论解释道，世界上存在许多令人着迷同时感到舒心的景观，比如白云飘飘、日落和微风拂来树叶散落，这些令人舒适的景观足以帮助我们实现心灵的宁静。以上三种理论均解释了我们对于自然世界的各类悦耳的声音产生的真实反应。

小时候在看美国西部片的时候，我一直觉得蟋蟀颇有节奏的唧唧声特别吵。这群牛仔们怎么睡得着？我一直也很诧异，体积如此较小的昆虫居然能发出这么大的响声。

后来一个阳光明媚的下午，我有幸在洛杉矶结识了一些好莱坞声音研究领域的顶尖人物，便询问了他们关于蟋蟀声音的问题，那时我们正在围坐在清澈的游泳池旁，细细品酒。迈伦·内廷加曾获得奥斯卡金像奖最佳录音师和音效师。他极具社交才能、热情，脸上总是挂满笑容地向我解释，美国中西部的昆虫发出的声音就是那么大。接下来他说的话才真正吸引了我的注意力。如果影片中一群牛仔们围在火堆旁大嚼豆子，那么在挑选蟋蟀声音上音效师肯定不会选择以前的旧录音材料，而必须找到符合整部影片情感叙述基调的配音材料。迈伦继续解释道，影片镜头如果锁定在郊区野外的一个宁静慵懒的夜晚，那么舒缓的蟋蟀声是最合适不过了，“嘿，如果一个人正在后院晃悠，有意避开人群，突然一只蟋蟀出现，这会他便开始焦虑不安，变得紧张起来，然后走走停停。”迈伦对于音乐的选择主要取决于蟋蟀叫声的节奏和每一段声音开始的急缓度。

蟋蟀的种类不同，叫声也有所差异，嗡嗡唧唧的声音其实都是摩擦声——昆虫不断摩擦身体部位。白色树蟋发出的叫声像极了手机调成的振动声，因为它以极快的动作摩擦两边翅膀，一边较硬的翅膀（弹器）与另一边翅膀（弦器）摩擦产生声音——这边的翅膀在显微镜下放大后呈锉刀状。树蟋的发声原理就像小学时代弹奏的微型打击乐器。每一次树蟋用弹器拍打弦器上的“齿轮”时，便会产生细小的冲击声。而蟋蟀叫声振动的频率取决于拍打的速度。一般情况下，弹器每半毫秒拍打一次弦器，可产生 2000Hz 的频率，相当于人类吹口哨的频率。

我在一段录像中记录了一只白色树蟋的发声频率（图 3.1），这种昆虫一般连续拍打 8 次翅膀，然后休息三分之一秒，再继续重复拍打。白色树蟋又被称为“温度计蟋蟀”，因为随着它的叫声加速，其体温会不断升高。以每分钟蟋蟀叫声数除以 7，再加上 4，你便可以推断出其体温（以摄氏度计算）。

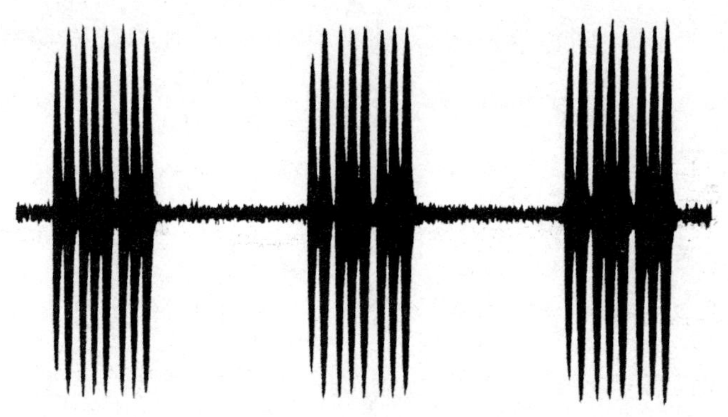

图 3.1　白色树蟋的叫声频率图

鉴于温度与节奏之间的显而易见的关系，包括迈伦在内的音效师们绝大多数可能会选择体温较低，可发出缓慢叫声的蟋蟀，以便制造安静的氛围（即使影片场景描绘的是温馨而慵懒的夜晚）。体温较高的蟋蟀发出的叫声大多急促，就像调成振动的手机接到来电，蟋蟀的唧唧声越来越急，出现得越来越突然。

摩擦本身无法产生很大的响声，但每次的冲击振动引发部分翅膀产生共鸣，便放大了声音。这与小提琴发音原理极为相似。小提琴的拉弓与琴弦摩擦振动，但发声主要还是靠弦。琴弦将振动一路传递到琴的底部木制琴身，其总面积较大所以可将声音扩散。

另一种称为周期蝉的昆虫也是利用摩擦发声的，但它却发出鸟叫的声音。蝉的叫声相对缓慢、一般由两个音调组成，首先是一种刺耳的高音调尖叫声，持续大概几秒钟后变为八度有节奏的吱吱声，音调低沉。蝉双翼下稍有节奏的肌肉收缩便引发短暂振动——就像用手指捏铝制易拉罐。当肌肉来回收缩引起鼓膜振动，蝉体内的腹腔空气产生的共鸣便使得其声音分外响亮。如果蝉的声音已经如此刺耳，我估计音效师们不会采用这种怪异的声音。制作影片过程中，要想吸引观众，并给他们以身临其境的感觉，就不能采用太过奇异的声音，这样一来他们便无法将注意力集中在影片上。正如迈伦所说："你不希望观众看到镜子后面的魔术师，只想他们身临其境感受魔术。"

在近华盛顿市中心的马里兰州鲍威县，当地的白蜡树上爬满了雄蝉，其产生的叫声高达 90 多分贝，远远超过安全工作标准。根据蝉的生命周期推算，每 17 年便会发生一次如此高密度蝉虫聚集现象。马里兰州体积最大、最为常见的一类蝉就是这种十七年蝉。据当地文件描述，十七年蝉发出的叫声可与重型除草机和科幻小说中的太空飞船匹敌。但在当地叫声最大的蝉却是另一品种，称为卡氏秀蝉，它发出的刺耳尖叫声与 100 万个婴儿哭闹声相比，有过之而无不及。

知名海洋探险家雅克·库斯托于 19 世纪 50 年代制作了纪录片《寂静的世界》，其实海底世界远没有如此寂静。划蝽（水船虫）利用振动发声，其叫声与蟋蟀吱吱声无异。相对于其体形而言，它是水下生物中叫声最大的昆虫。尽管仅几毫米长，但你从河岸边还能听到它的叫声。过去曾有一项发现——某种昆虫通过阴茎和腹部相互按摩产生声音，在当时成为头条新闻，这算是昆虫解剖学界罕见的小报胜利。

有些划蝽借助呼吸携带的泡泡产生空气共鸣，因此叫声得以放大。它们保持自我身体振动与泡泡共鸣频率一致来发出声音。当空气气泡收缩，共鸣频率增加，这时划蝽必须加快摩擦速度。

卡塔虾也是利用气泡发声——其用途有时是沟通交流，但大多数情况下是捕杀猎物。卡塔虾的发声原理极其独特，因为其叫声不是由钳子相互敲击而产生。2000 年，荷兰屯特大学的迈克尔·维斯鲁斯和同事们一起借助高速摄影机捕捉到了这一秘密。卡塔虾快速敲打双钳，其钳尖运动频率高达每小时 70 公里，因此产生一股快速流动的水流。根据伯努利定律，水流中流速越快流体产生的压力就越小，这样一来压力不断减小，导致部分海水沸腾，形成一个个水蒸气泡。它们可瞬间崩裂，产生冲击波，能立刻致晕或致死猎物。（同时产生光，这一声致发光过程为“虾光现象”。）

大批卡塔虾可产生如熊熊大火般爆裂的巨响声。克里斯·沃森认为这种响声一定是地球上最常见的一类声音，但“很多人却不一定能听到”。卡塔虾给自然历史录音师带来诸多麻烦：“我试图记录蓝鲸离开爱尔兰北部海域发出的叫声，它是地球上能产生最大声音、体形最大的动物，”克里斯告诉我，“但是由于受到像卡塔虾这类仅几厘米长却能产生敲击爆破声动物的影响，我常常听不到蓝鲸的叫声。”军事上也遇到了此类问题，卡塔虾的研究始于第二次世界大战，因为虾产生的噪声干扰了窃听敌军潜水艇的军事活动。

体积小而娇弱的动物借助噪声吸引注意力，这看起来十分奇怪。维多利亚时期的传教士和探险家大卫·利文斯通在前往非洲的途中写道：“蝉摩擦发出的叫声可以说是震耳欲聋。褐色蟋蟀以其尖锐刺耳的叫声一同演奏自然之歌，音调的转变有点像苏格兰风笛。我一直惊叹如此渺小的生物居然可以发出这么巨大的声音，似乎都可以将地面震得天翻地覆。”他也许听过非洲蝉的叫声？它能在 1 米内发出 101 分贝高的声音——与风钻产生的噪声同等分贝，是叫声最大的昆虫之 一。但蝉并不是唯一能发出巨大叫声的昆虫。大卫・利文斯通描述："倘若蝉、蟋蟀和青蛙聚集在一起，人们在四分之一英里的距离都能听到它们的大合唱。"

青蛙一般发出呱呱的叫声，但香港公园的两栖类动物似乎不知道这一事实。香港是世界上人口密度最大的城市之一，香港公园是由原香港中区陆军营地改建而成的，它是人们散步休闲的一个场所。我 2009 年去过香港，公园里的青蛙发出呱呱声就像唐老鸭在表演拙劣的模仿秀。它们发声时不会张嘴，口角周边的声囊膨胀起来就像一个巨型泡泡糖。青蛙在求偶时不会呼吸出气，它们将空气从肺部传到嘴里，然后到声囊，最后通过头部、声囊以及其他身体部位的振动发出声音。

与人类一样，青蛙有一对声带，空气进出时不断开合，冲破空气流造成压力脉冲最后产生声音。人类利用声道（嘴、鼻子、喉咙顶部的气腔）的空气共鸣放大声音。但青蛙不同，它通过气囊的表皮放大声音。如果一个人吸入氦气，那么轻气体将使得共鸣频率变高，最后他便会发出一种有趣的嘎嘎声。而青蛙在吸入氦气后——先前曾有科学家作过此实验，叫声仍无变化——实验表明，青蛙体内声囊的空气共鸣无法扩大其叫声。

与其说青蛙的叫声危害社会，倒不如说它创造了一道天然防护屏障。青蛙响亮的呱呱声会引起一些猎食动物的注意，但更能吸引大批雌蛙。一般情况下青蛙不太可能会死，基本都能找到配偶。我一接近香港公园里的蛙群，它们便立马停止叫声，一片寂静，似乎在暗示着危险即将降临。

音效师崔杰分析，大部分人觉得鸟叫声舒缓动听，其原因是千百年来，人们一直认为鸟儿在歌唱，就说明凡事都很美好。一旦鸟儿安静下来，你就得担心猎食者有可能在逼近。这一推断虽然十分可信，但从未采取任何科学方法证实。于是崔杰开始在他的音效设计中使用鸟叫声，比如兰开斯特的威慑犯罪事件。形似小型绿色系柱的喇叭星星点点分布在主购物街道的花坛里，它们播放着各类电子音乐、水流声和鸟叫声。不巧的是，我在一个周日下午去参观兰开斯特的时候，也就是我偶遇好莱坞音效师的第二天，喇叭里放的居然是中间派的乡村和西部音乐。虽然无法给人以特别舒适的感觉，但毕竟之前有使用音乐威慑犯罪的先例。在澳洲，实施"曼尼洛法"就是播放一些青少年反感但却轻松的音乐，他们便不愿意在这些地方徘徊逗留。真实案例显示，这一方法效果极佳，就连巴瑞·曼尼诺都反问："要是这些无赖喜欢我的音乐呢？甚至有些人跟着一起唱'我用微笑说爱你'？"

新闻上经常出现动物噪声扰民的报道，比如有人会抱怨邻居家的公鸡太吵。尽管响亮的动物叫声可令人兴奋，但它远超过我们听觉系统的最大承载量，导致我们无法听到其他具有危险迹象的声音，甚至可能触发头脑早期预警系统警报，促使我们一直处于警觉状态。

我们对于包括动物叫声在内的各类声音的熟悉程度至关重要。阿伯丁的安德鲁·怀特豪斯一直致力于研究鸟，尤其是鸟叫声，与人类之间的关系。在早期，媒体开始注意到他的研究，鼓励人们写信给他，讲述自己亲身经历的故事，这为人类学家提供了大量有价值的信息数据。以下这则故事，是由一名从美国移民到澳大利亚的写信者提供的。

澳大利亚的鸟叫声实在是很烦人。据说，许多人因为鸟叫声实在太难听便移民回美国。简单来说，我认为"鸟叫声"从潜意识里令人感到紧张，它就是一阵阵的尖叫声或鬼哭狼嚎声。

许多类似的故事都在上演，人们移居后才发现鸟叫声给他们造成多大的影响。即使之前对自然声音充耳不听的人都开始觉得某些鸟叫声十分陌生。

对事物的陌生感也可以是快乐的来源。前几年在澳大利亚的昆士兰游览旱季的热带雨林时，我深有此感触。绿啸冠鸫得名于它的叫声。雄性绿啸冠鸫开始发出一声口哨声，持续几秒后，突然爆出一声滑音，最后以抽鞭般的声音戛然而止，整片树林回荡着这个响声。最先的叫声音频很高，大约是短笛音频的二分之一，但随之而来的滑音音频仅在 0.17 秒就高达 8000Hz，如同短笛演奏家从最低音开始演奏，然后一路高音而上。既然抽鞭般的叫声是如此高超的“声乐技能”，雌性绿啸冠鸫便会以此能力判断配偶的合适与否。有时候雄性鸟在听到雌性鸟以几声“啾啾声”回应时，便会一同开始二重奏合唱。上述情况多发生在交配完成后——这说明二重奏对于配偶关系的组建和维持起到了十分重要的作用。

你在家乡当然也能听到意想不到的鸟叫声。鹭鸶是一种不常见的涉水鸟类，在 20 世纪，几乎濒临灭绝。它是鹭科的鸟类，发出独特的低音叫声，几公里外的芦苇栖息地都能听到。许多科学文献记载了如何计算以及根据叫声识别单个鹭鸶，人类很难看到它们的身影却能经常听到其叫声。鹭鸶的叫声极其有力：1 米范围内的音量高达 101 分贝，相当于喇叭的音量。如果叫声达到 155Hz——相当于大喇叭的音频，那么声音听起来就像远处雾角传来的号声。

由于声音通过空气传播，每一次空气分子来回振动时，少量音量被吸收，正是如此声波传播范围才有限（吸音原理）。概念定义为：低频音振动频率比高频音小，所以吸音系数也相对较小，声音则传播得更远。以此推断便知，鹭鸶的低音叫声才能弥漫整片芦苇地。

一个春季的早晨，我正准备去寻找鹭鸶叫声，却碰到格拉斯顿堡汉姆湿地保护区一场大雾，厚重的浓雾弥漫着整个保护区。那天我们起个大早，大概 5 点就出发了，因为和其他鸟类一样，鹭鸶一般在日出时叫声最大。约翰·德雷尔是我们的导游，在他的汽车后备箱塞满了各种奇形怪状的麦克风、录音机和活动架。约翰头戴一顶御寒的平顶帽，看起来更像是一名飞贼，但他其实是音乐家和音响生态学家，待人十分友好。一到湿地保护区，我们一行人便摇摇晃晃地朝鹭鸶筑巢区走去，但浓雾弥漫，天色未亮，几乎看不清前方的路。最后，我们在观鸟隐棚处无意中发现了一条长凳，于是坐下休憩，认真聆听鸟叫声。

我首先听到的是从左边传来的叫声，听起来像是工业生产的声音——不同于先前听到过的任何鸟叫声。在《巴斯克韦尔的猎犬》中，恶棍杰克·斯特普尔顿企图捉弄夏洛克·福尔摩斯，他告诉福尔摩斯“低沉的吼叫”和“忧郁而又激动的沙沙声”是鹭鸶的叫声，而非猎犬声。但斯特普尔顿的阴谋没有得逞，因为鹭鸶发出的叫声一点都不像狗叫声。鹭鸶的叫声使我想起有人在酒吧里一次性喝下一大杯啤酒的声音，又或者是坛罐乐队即兴用壶敲打演奏的音乐。不久过后，在我的右方出现另一只鹭鸶也发出高频叫声。接着我们朝另一个观鸟隐棚处走去，在这儿我可以近距离接触鹭鸶，认真聆听它的叫声。它首先大口吸气四次，几秒后便发出几声低沉洪亮的叫声。但至于鹭鸶是如何发声的，这还是一个未知数，它十分善于伪装自己，不容易被发现。为数不多的录像片段显示，在吸入空气后，鹭鸶喉咙膨胀，身体抽动，就像猫正费力咳出一只毛球。发出叫声后，鹭鸶仍保持安静。现如今鹭鸶的数量不断增加，我们便有更多机会观察其叫声，也许到时候就能解开这个谜团了。1997 年，英国仅有 11 只鹭鸶；2012 年，随着芦苇湿地的重建，鹭鸶的数量增加至 100 多只。

科学家们现正研究鹭鸶叫声出现的时间，希望了解它们发出叫声的目的，证实是否与繁殖后代有关。事实显示，雄性鹭鸶在交配前发出叫声，而雌性鹭鸶根据叫声的长短选择适合的配偶。如果在筑巢时听见这种叫声，则说明它们正捍卫自己的领土。

一个半小时后，天逐渐明亮起来，鹭鸶也纷纷停止叫声。此时我们都快要冻僵了，于是立马回到车上。突然间我意识到身旁阵阵喧闹的鸟叫声，可能是我刚刚一直过于关注低音叫声，结果忽视了各类高音鸟叫声。处在如此环境下，我们很有可能将鹭鸶叫声错认为是人发出的声音。如果声音要起到舒缓的作用，它必须是纯自然的，而且不会让我们身体一直处于紧张状态。通过不断熟悉声音来源和专家介绍，我们可将声音分为两类：自然声音和无威胁声音，并学会从声音中获得一丝慰藉。

探寻鹭鸶叫声前的几个月前，我曾在索尔福德 TED 演讲会上听生物学家希瑟·惠特尼讨论过植物是如何进化来吸引花粉传播者，比如兰花从外观和气味上都与雌性黄蜂相似，吸引着雄性黄蜂与之交配，帮助传播花粉。这一场演讲十分精彩，但真正令我激动的是演讲过后，希瑟在咖啡馆里告诉了我他们正在进行的一项关于声音的新研究。他的一位同事发现植物的树叶生长为特别的形状是为了吸引花粉传播者：回声定位蝙蝠。

超出人类听觉范围的是一个超声波的世界。蝙蝠可接受到超过 2 万赫兹的声波频率，而人类听觉最高承受频率仅为 2 万赫兹。TED 大会前 3 个月，我加入了一个 20 人参加的活动，一同在西奔宁沼地里的格林蒙特村庄探寻夜幕下的蝙蝠声。集合的地点定在一家当地酒吧的停车场。我们很容易就可以认出向导——克莱尔·塞夫顿，她的T恤衫和手机上都印有蝙蝠图案，看得出她十分热爱蝙蝠。虽然她专攻的研究课题与蝙蝠无关，但经常颇有兴趣地参加关于蝙蝠的学术会议，她是业余的蝙蝠兽医。徒步前往克里斯山谷前，她给我翻看了一些治好的蝙蝠照片。有一只褐色大蝙蝠——英国蝙蝠类中最大的物种，全身略带红褐色的毛，可爱极了，就像一只长着翅膀的大鼠。它一直张开嘴巴，露出牙齿。克莱尔说，它想“好好看看我们”，同时发出一种回声定位信号。另一只则是伏翼，体积较小，仅4厘米长，却在一晚上可吃下3000只小虫。

由于回声定位叫声频率过高，人类无法听到，所以我们必须借助电子设备。克莱尔分发给大家蝙蝠探测器：有两个按钮的黑色盒子，大小相当于老式砖块手机——一个按钮显示“接收”，另一个显示“频率”。夜幕降临，我们开始沿着绿树成荫的小道前进，手里拿着发出嘶嘶声的探测器。经过一座铁路桥的时候，我的探测器发出连续咔哒声，就像有人在不规律地拍手。“是伏翼，”克莱尔根据不同蝙蝠物种叫声模式判断。每一次咔哒声实际上是短而尖锐的唧唧声，音频随着时间不断降低。蝙蝠音频随着接触的物体不同而不断变化，我们无法判断每一个咔哒声。如果每次咔哒声都可以听见的话，蝙蝠探测器就会发出啧啧声。

第二天，我自己研究了一只伏翼的录音片段，观察蝙蝠叫声的最好方式是利用光谱图，它可以清晰显示出在一段声音中音频变化状况。光谱图常用于研究人类说话声，是一个将声音图像化的绝佳工具。在图3.2中，黑色下降曲线显示出音频在短时间内（7毫秒）一段叫声从7万Hz下降至5万Hz不到。

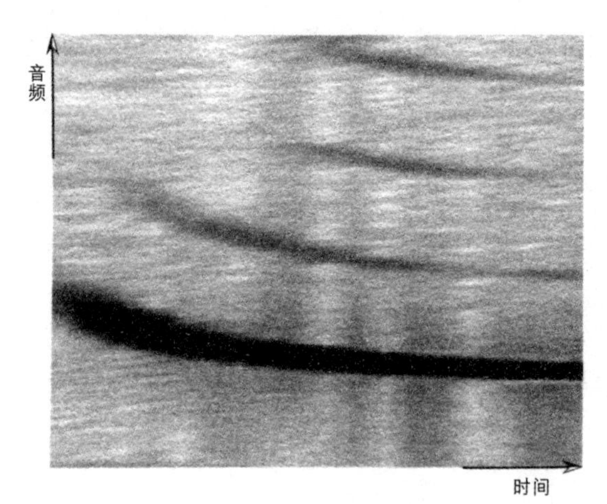

图 3.2　伏翼的叫声

如果蝙蝠发出的音频远高于人类听觉范围，那我们要怎么才能利用监听器听到蝙蝠叫声呢？监听器中的超声波扬声器可接收蝙蝠叫声，探测器将其直接转化成人类听觉范围内的声音。

克莱尔可直接辨识出伏翼的叫声，原因在于每一个蝙蝠物种发出不同回声定位频率，产生对比明显的声音。比如，褐色大蝙蝠用嘴巴敲击不同树槽，产生节奏鲜明的声音。专家们也可推断出蝙蝠现在进行的活动，是从“家”出来、觅食、经过，还是用不同叫声在与同伴沟通？

令我吃惊的是，蝙蝠和人类拥有几乎一样的发声和听觉系统，却能产生如此高频赫兹。为了发出叫声，蝙蝠必须最大化伸展自己的身体。有些蝙蝠物种能发出高达 20 万 Hz 的声音，这意味着它们以每秒 20 万次的频率开合声带。它们的身体可发生变形：声带上带有层层薄而轻的膜，可实现快速振动。

蝙蝠不仅能发出高音，甚至能制造出极度响亮的声音，其叫声有时高达 120 分贝——相当于烟雾报警器在你耳边 4 厘米远响起。这会严重损害哺乳动物的听力，所以蝙蝠自身可将叫声反射出去，以免受伤：蝙蝠发出叫声的同时肌肉收缩，代替耳中部的细小骨头，从而减少声音从中耳传播到内耳的振动。人类也存在类似反射神经，但在进化目的论上仍存在许多争议。与蝙蝠一样，反射神经可以保护人类听力在遇到响亮声音时不会受伤，它同时也许能降低自身说话声音，帮助我们听到周边其他声音。

离开这条小道后，我们继续前往森林的一个小水库，树根经常绊倒我们（走夜路不带火把是一个错误）。但这一切都值得，因为我们可以听到水面上水鼠耳蝠捕捉小虫的声音。它们的栖息地安在了一座巨型木桥下，蝙蝠探测器不时地发出声音，好像远方传来机关枪开火声。有了探测器，我能听到山谷里各种各样的蝙蝠叫声。直到现在我才意识到我错过了身边各种动物叫声。在一次电台采访中，录音师克里斯・沃森解释说，仔细观察了蝙蝠捕食后，彻底改变了他对波厄斯郡韦尔努伊湖的看法：“仅用人类耳朵来倾听，这个地方不过是一片宁静之地，但其实不然，通过超声波设备我们会发现这一片厮杀不断。”

人类还有哪些声音无法听到呢？来自布里斯托大学的马克・霍特雷德教授也是一位热衷于研究蝙蝠的专家，他从更加深远的角度回答了我的问题，最后我听得入神，都错过了回家的火车。他告诉我，蝙蝠不仅能听到昆虫和自己的叫声，也能接受到植物反射后的声音。马克与同事一直在研究古巴雨林葡萄树，该树的叶子可以有效反射声音，与雨林中其他植物完全不同。枝干上仅有的一片树叶垂直挂落在花儿上方，形成凹半球状，可反射蝙蝠的超声波叫声。

当蝙蝠飞越这片雨林时，它会听到植被反射的各类复杂声音。这些回波发出微光，而且一直变化着。与之相反，凸出的葡萄树叶则对声音反射无任何变化，不管蝙蝠以何种角度飞过雨林。因此葡萄树与其他植物完全不同，可直接对回声定位信号做出回应。此外，半球状的叶子放大了回声定位信号，所以蝙蝠从很远距离就能接收植物反射的回声。马克和同事们通过实验测量了这一声学特性：使用小型喇叭传播超声波，再利用麦克风接收树叶反射的回声。

但我们有何证据证明蝙蝠接收了树叶反射的回声呢？研究人员通过训练蝙蝠在满是人造树叶的实验室里找到喂食器来证实，在半球状树叶生活下的空间里，蝙蝠可以更快找到食物。在雨林中，蝙蝠偏爱葡萄树的凸状树叶，因此提高了其授粉的几率。同时，蝙蝠们也能享用美味的花蜜。

马克的实验室里留有一组干化后的飞蛾样本，有些蛾的尾巴特别长。与葡萄树一样，这些蛾由于蝙蝠的回声定位叫声出现基因变异。有些蛾进化到能接收高频叫声，只是为了躲避捕杀者——蝙蝠。飞蛾的长尾巴其实是超声波诱饵。战斗机将诱饵拖在身后，引诱雷达控制导弹远离机身。同样的，飞蛾也会牺牲自己尾巴以躲过蝙蝠的攻击。马克实验室的马达加斯加水青蛾有两条剪刀状尾巴，其长度是身体部分的 6 倍。这两条尾巴一般呈麻花状交织，马克的实验测试显示，此种做法可有效反射从各方传来的蝙蝠叫声，与体积较小的飞蛾利用翅膀反射超声波的原理相似。同时马克还证实，蝙蝠 70% 的时间都用于攻击飞蛾的长尾巴，而非身体本身；虽然飞蛾可能断了尾巴，但至少还能存活下来。

野生动物录音师克里斯·沃森认为：“海洋是地球上拥有声音种类最为丰富的地方。”“我们一直以为自己生活在以土地为主的星球上，这当然错了，地球是一个海洋的星球，地球是由 70% 的水而组成的。”为了进一步详述他的观点，克里斯和我讲述了他的北极探险故事，从斯瓦尔巴群岛的斯匹次卑尔根岛出发，他碰到了胡须海豹们在厚冰层底下欢快歌唱的场景。接着，克里斯将水听器穿过海豹砸出的冰洞，进入到寂静、一片漆黑的水下世界。他说海豹的叫声特别动听，好似来自另一个星球的神奇声音："简直无法用言语表达，用惯了陈词滥调，它们的叫声就像另一个星球天使们的大合唱。"海豹们发出悠长的滑音，持续几十秒。我可以吹着斯旺尼哨，一边模仿它们的叫声。更加悠长的滑音似乎更能吸引雌性，所以叫声的长度十分重要。

克里斯惟妙惟肖的描述吸引着我，我多希望自己亲身经历这一切，于是蝙蝠之旅过后一个月我便开始海豚之旅。在一个寒冷、潮湿又多风的一天，我登上一艘小船，同其他十余名乘客一起上路，随身带着雨具、水听器和录音机。我们计划环游苏格兰北部的克罗默蒂湾欣赏宽吻海豚的叫声。

克罗默蒂湾工业化高度发达，我们首先沿着石油钻井航行，周围满是巨型黄色、锈迹斑斑的钻井平台。朝远处可见，两个钻井平台正在维修，两艘游轮船停靠在码头，游客们可在尼斯湖寻找水怪。但海豚和水怪都不见踪影。

我们于是离开了克罗默蒂湾，进入了海域更广的北海入口——默里湾。船慢慢靠近悬崖，随处可见一些发臭的白色海鸟粪，悬崖上方满是绿色植被，一簇簇黄色金雀花点缀着。这时船长萨拉看到前方一只海豚跳出海面，划出完美的拱桥弧线。

船长关闭了发动机，隆隆声顿时停止。于是我将水听器放入水中。开始我只听到海浪拍打船体的声音，因为船总是在浪上颠簸着。突然我听到一连串响亮而尖锐的喀嚓声，就像小型玩具摩托车加速的声音，但水声太大我几乎听不清楚。

紧接着我们看到一对母子海豚。小海豚体积小，身体呈淡灰色。我和船上乘客一直不在一个兴奋点上，因为我是唯一携带水听器的人。他们都在用眼睛欣赏海豚，一旦有海豚跳出海面便惊叹不已。但由于我戴着水听器，只有等到海豚进入水里我才能尽情欣赏。亲眼见到海豚是一场绝对的视觉享受，但聆听它们的叫声却独有一番韵味，因为我能欣赏到别人无法看到的水下世界。

不幸的是，人类噪音迫使动物们改变叫声，甚至影响着水下哺乳动物和鱼类。难道海上风电场真是最为环保的一种发电方式吗？ 也许不是，把自己想象成生活在海洋里的斑海豹，每天要忍受从海底传来的涡轮转动的巨大敲击声。斯可罗比桑迪海上发电机建设期间，大雅茅斯附近的海豹数量不断减少。打桩产生的噪音实在太大——1 米之内其声音竟高达 250 分贝——很有可能损坏了动物们的听觉系统。

2000 年 3 月，巴哈马群岛曾发生过一次大规模的海豚和鲸鱼（共 16 只）搁浅死亡事件，其罪魁祸首就是美国海军的声呐设备。对于究竟多大分贝的声呐噪音可导致海豚和鲸鱼搁浅现象，科学家目前还在争议中。这些噪音可能导致海豚离开这片海域，改变潜水模式，甚至引发减压病。或者说，声波可造成大出血。事实最终证明声呐设备导致海豚和鲸鱼搁浅死亡现象是有疑问的，因为海军拒绝承认在哪些时间和地点使用了声呐设备。

2005 年 10 月，由自然资源保护委员会的一个环保团体发表的新闻稿提出，“中频声呐可发出连续超过 235 分贝的噪声，其强度相当于土星 5 号运载火箭发射升空时的声音。”数据证实土星 5 号运载火箭发射升空发出的噪声高达 235 分贝，与声呐噪声在数值上一致，但由于空气和水的声音传播分贝不同，所以两者并无可比性。因此海上风电场打桩时产生的 250 分贝噪声并不能与空气中等值噪声划上等号。

这就类似与摄氏度与华氏度的区别，零摄氏度是水结冰的温度，但零华氏度实际温度更低。另外，在对比空气传播和水下传播声音时，声波密度和速度也是需要考虑的因素。将以上这些因素全部考虑其中，声学家总结：水下声音减去 61.5 分贝则等于同等空气声波分贝。举例来说，235 分贝的水下声音即相当于陆地上 173.5 分贝的声音。2008 年《纽约时报》评论海军声呐产生的噪声“相当于 2000 台喷射发动机的声音”，有点过于夸张。1 米内声呐产生的噪声相当于一台喷射发动机 30 米产生的声音——很吵，但绝对没有空中军队产生的噪声大。

尽管一些声音的分贝对比不可靠，但不可否认水下噪声带来很大影响。许多专家对此十分担忧，几乎所有水生生物都利用声音作为交流沟通的主要方式。在水下，视觉仅在短距离范围内起到作用。须鲸每天可游行 100 公里，所以鲸鱼群落需要相互沟通交流。蓝鲸的叫声在理想状况下甚至可以被 1600 公里以外的同类听到。鲸鱼主要依靠水下传播的低频叫声维持长距离交流，这比高频叫声有效得多。

声呐发出的巨大响声绝非影响海洋生物的唯一噪声。长期船运噪声也是其中之一。在太平洋东北部海域，船运噪声在 1950—2007 年增加了近 19 分贝。这类长期存在的噪声严重影响了海洋生物。当鲸鱼们发出叫声相互联系时，船运噪声与之重叠，改变了声音传播模式：它们必须发出更长久、更响亮的叫声，甚至有可能迁移到其他海域。于是鲸鱼们停止沟通——对于短暂的自然声音比如风暴，这是最正常不过的反应，但对于长期船运噪声呢？更令人担忧的是，船运产生一种极为刺耳的声音，因为噪声不会往船首方向传播，容易导致鲸鱼撞击船体——它们无法听到运输船靠近的声音。

美国波士顿英格兰水族馆的罗莎琳·罗兰曾提出一项独创性科学机会主义，她与同事一起证实了连续噪声会给鲸鱼产生生理影响。“9·11”恐怖袭击事件后，北大西洋海域船运交通处在短暂停运期，罗兰小组成员利用这一点研究了加拿大芬迪湾露脊鲸数量的变化情况。他们通过使用嗅探犬找到了漂浮在海面上的鲸鱼粪便，分析检验 后计算出它们的应激性激素。“9·11”恐怖袭击事件后，船运噪声减少了 6 分贝，罗兰证实鲸鱼的应激性激素也相应地下降。

要想证实船运噪声对海洋生物造成的长期影响不是件容易的事情。一旦鱼类受到大声噪声轰击，便会游走。这一反应说明噪声会导致鱼类迁移出繁殖地和产卵地，减少必要的交配、定位和社交活动。但目前科学家正在努力研究的却是如何计算这些负面影响，需要多少年才会出现显著影响，水下生物才会躲得远远的。

那么我们如何从美学角度考虑哪些自然声音对人类有益呢？在中国和日本，蟋蟀和其他生物因为叫声非常好听，所以经常被当做宠物来饲养。在宋朝（约公元 960—1279 年），它们是最原始的便携式音乐播放器。丽莎·莱恩曾在自己撰写的一本介绍昆虫音乐家书中提到：“上流社会的人从不会将发出动人叫声的蟋蟀藏掖在长袍下。”与其按下“随即播放”按钮，蟋蟀主人还不如拿一根稻草去逗逗蟋蟀，它们便会开始歌唱了。但对我来说，昆虫们的大合唱才是一场听觉盛宴，尤其是在森林里一切声音都是那么美妙。克里斯·沃森介绍我去非洲的刚果雨林听一听昆虫大合唱。

太阳落山，气温骤降，成千上万只生物一起开始演奏生命之歌，“神奇的声音如波浪翻腾在森林里荡漾着。”它们一同创造了如此丰富的音乐，正如“菲尔·斯佩克特的音乐之墙”，但一小时后声音渐渐消失。

克里斯收集过最佳的一段录音材料记录的是各类昆虫声音相互交融，歌声“穿透整片森林”。森林环境改变了动物本身发出的声音，动物们也随之适应，弥补环境造成的声音失真。声音通过树林传播时，遇到树枝干便会反射。因此我们除了可以听到动物直接发出的叫声外，还会听到经树林反射后的回声。

现如今一些标题名为“雨林是鸟类合唱的音乐厅”的科技论文对森林声音和房间声音的相似点进行了研究。最近独自一人在德国湖边和森林漫步时，我也亲自体验了一把。离开视野开阔的草地，进入针叶林时我趁着没人注意大吼了一声，随即便听到声音在树木间回荡。回声大概持续了 1.7 秒左右，相当于巴洛克音乐在音乐厅回响的声音。森林更容易传播低声，因为发出高声时，树叶会出现吸音现象。这也就是为什么森林里的鸟类一般发出的叫声比较低沉而悠长。低音不仅能避免树叶吸音现象，树木的反射作用还能放大叫声，和在音乐厅演奏管弦乐的声音更美是一样的道理。我在德国森林吼叫的时候就发现了这一秘密，但是那时回声效果不是特别明显，因为树木无法产生音乐厅墙壁如此大的反射效果。

迹象显示，鸟类随着环境变化调整叫声。进化生物学家伊丽莎白·戴瑞巴里在过去 35 年时间里，研究加利福尼亚州从古至今的录音材料发现雄性白顶雀叫声发生了变化。过去 10 年里树叶不断茂密的地方，鸟类发出的声音音调下降，音速也变得缓慢。对比来看，那些植被毫无变化的地区鸟类声音也无任何变化。

植被绝非决定鸟类叫声的唯一因素。最为广泛的噪声污染研究深入探讨了鸟儿对交通噪声的反应。生活在伦敦、巴黎和柏林这些大都市的山雀发出的叫声与森林的同伴们相比更为急促，音调也更高；城市夜莺在交通噪声出现时叫声更为响亮，知更鸟常在夜间出声，因为环境相对安静些。对于大山雀来说，叫声是判断配偶是否恰当的重要标准，因为体积大、健康的山雀往往能发出低沉浑厚的叫声，但在城市里交通噪声却淹没了这些叫声。正如荷兰莱顿大学的汉斯·斯奈伯科瑞教授所说："我们必须做出选择，要么爱护它们减少噪声，要么继续保持现状。"我们担心噪声打破物种之间的平衡，最终将会导致在城市中我们几乎听不到原始的自然声音了。麻雀数量越来越少，因为它们无法适应城市的喧嚣。

不断适应生存环境促使鸟类发展了当地沟通语言。与人类学习说话无异，它们选择常听到的叫声作为参考。有些鸟类通过模仿学习发声，所以经常受到同伴叫声的影响。肉垂钟鸣鸟在中美洲不同地区叫声各异。哥斯达黎加北部地区出现的叫声通常响亮而又婉转。与之相反，哥斯达黎加南部和巴拿马北部地区出现的叫声则是粗犷的嘎嘎声。鸟类的地区"方言"一直得到广泛的研究，原因很多，不只是因为它们帮助人类更加了解物种进化和发展。假设鸟群由于栖息地变迁出现叫声的不一致，那么它们最终可能停止交流和交配。一旦发生上述情况，它们便无法进行基因组合，这意味着鸟群可能分散，朝不同的进化道路发展，最后成为不同鸟类物种。

夜莺虽然外貌平平，但其叫声却在欧洲被誉为最美声音。听几段夜莺歌声，你会惊讶地发现雄性夜莺的叫声竟如此丰富。由于它们常出没在灌木丛附近，侧耳倾听它们的叫声比亲眼见到它们更能发现其魅力。1773 年英国律师、古文物研究学者和自然学家戴恩斯·巴林顿对比英国不同鸟类叫声，发现很多叫声都轻快悦耳，令人舒心，但他最喜爱的还是夜莺声。1924 年，著名大提琴家比阿特丽丝·哈里森和夜莺共同演绎的二重奏是英国广播公司电台首个实况转播的音乐。生活在哈里森家乡萨里附近森林的夜莺们常常陪伴着她一同练习大提琴。但这场广播节目刚开始不尽人意，因为夜莺们不习惯使用麦克风。但最后鸟儿们终于大开金口，节目也随之大受欢迎，在接下来的 12 年里都经久不衰，成为经典曲目。

夜莺有着迷人的歌喉，也许是一种舒缓压力、抚慰人心的魔音。然而我们对于动物叫声的反应绝不仅仅是为了听觉上的享受。当人们写信给安德鲁·怀特豪斯，告诉他自己亲身经历过的故事时，很少有人提到夜莺和它那美妙的颤音。人们更多提到的是海边小镇上银鸥的断断续续的长号，和成群雨燕的兴奋尖声鸣叫。有时这些调子勾起了童年的记忆：“就在这个时刻，一只普通的海鸥就在我的房间窗外啼叫。我立刻想起了大量渔船停泊着的清晰场面，这是我在法学院度假时所见。”或者这些叫声也标志着不同季节的来临：“我最喜欢的鸟叫声是褐雨燕的鸣叫，因为这是夏天的象征。”

因此，自然声音中最有可能最具疗伤性质和最有益于健康的是那些我们很熟悉，并能勾起我们美好回忆的声音。我问克里斯·沃森对他最喜欢的声音，他并没有选择在环游世界各地时收录的一些奇异的声音，而是描述了一种复杂、丰富而又圆润的声音，这是在他家后院就能听到的画眉叫声。倾听大自然并不等同于用眼睛观赏大自然。然而，我们仍需研究新理论来解释哪些声音听起来对我们有益，以及背后的原因。我喜欢听鸭子的叫声，并不是因为觉得鸭子嘎嘎声多么美妙，而是它唤起了我那段测量回声的美好回忆。

第四章 过去的回音

俗话说："鸭子嘎嘎叫没有回音，无人知道为什么。"一个悠闲的下午，我待在办公室，想要试图反驳这一说法。我半卧在草丘上，假装采访一只名叫黛西的鸭子。每次她发出嘎嘎的叫声，或者伸展开翅膀，我的照相机快门便如同响板般咔嚓咔嚓响起。我的同事站在附近笑得前仰后合。媒体不知从何处得知我们试图修正鸭叫声没有回音这一错误观点，不遗余力地将这则消息登上了国际新闻板块。

我当时丝毫未能料想到，这条无聊的科学报道过去几年后，我会再次专注于回声研究，如同儿时一般寻找回音与原声最为贴近的地方。创造回音并不仅限于在隧道中大喊或在山上用真假嗓音反复变换地吟唱。回音对声音进行了神奇的转化——鼓掌变为啁啾声，激光枪声成为口哨或嗞嗞声。

关于自然现象的早期文字记录，如 17 世纪英国自然学家罗伯特·普洛特的书中，就使用了这些高级术语如"多音节的""音调的""多方面的""同义反复的"等词来描述神奇的回音。对动物和鸟类的分类至今依然受到青睐，还在使用，而回音分类并没有。现在该是重新使用回音分类法的时候了。回音可以把一个词变成一个句子吗？或是为声音赋予"独特音符"吗？或将小号曲调变调，使得每次重复的音频都更低吗？

在与黛西、丹妮·麦克考尔拍照数月前，一位索尔福德大学实验室负责人受 BBC Radio 2 的委托来证明"鸭子嘎嘎叫没有回音"这句话的真伪。丹尼虽仔细说明了嘎嘎声能有回音的原理，一条不够真实的报道还是播了出去。丹妮很生气自己的声学权威遭到忽视，跟包括我在内的一些同事决定搜集科学证据来反驳这一说法。

说服农场借给我们鸭子并运进实验室比实验本身还要耗费时间。起初，我们将黛西放在一间无回音室，做了一个无回声鸭叫的基线测量。无回音室里极其安静，声音不会从墙壁反射回来，这是一间名副其实没有回音的屋子。在没有回音的状况下确定一个参考声音十分重要，这是严肃的科学实验，绝非星期五下午无聊的消遣。黛西稍作休息之后，我们带她到隔壁的回响室，这里的回音会持续很长时间，让人感觉犹如置身大教堂之中，而它的实际面积不过比教室略大些。这间屋子一般用来测试建筑物内某部分，如剧院座位或录音室地毯的吸音状况。黛西嘎嘎的回音在这里听起来十分可怕，吓得它不断发出更多嘎嘎声。我们简直是在为以吸血鬼鸭子为主角的恐怖片制造完美音效。

回音是对声音的延迟重复，鸭子嘎嘎声可能会在悬崖上产生回音。回音室里吸血鬼般的声音表明，鸭叫声与其他所有声音一样会在物体表面产生回音。结果在我们的意料之中，因为一些鸟类正是利用墙上的回音在洞穴中飞行。伟大的普鲁士自然学家和探险家亚历山大·冯·洪保德描述了一种名叫油鸱的动物，它是位于南美的夜行性食果动物（以水果为食）。18 世纪晚期，洪保德前往委内瑞拉的油鸱洞穴探究，亲自听见了栖息于其中鸟类的叫声和咔哒声。咔哒声就是引导鸟类在黑暗中飞行的回声定位信号。

洞穴或回音室都不是黛西和其他鸭子的自然生活环境。我们很想知道在室外的话情况会是怎么样的。要想听到黛西清晰的回音，我需要一大片水域以及较大的反射表面（如水域附近有悬崖）。有一种回音叫做单音节回音，即在新一波回音到来之前只有时间说出一个音节。我跟黛西不能距离悬崖太近，否则我的大脑就会将它的回音和从它嘴中直接传入我耳中的嘎嘎声混合，只能听到一个声音。

不得不承认，本人的野外试验过于简陋。我不能带上黛西，所以便绕着各式各样的池塘、运河、河流行走，聆听野禽叫声。我没有在以上任何一个地方听到与原本鸭叫声清晰可辨的回音。最后，我得出以下结论：“鸭子的嘎嘎声可以有回音，但只有鸭子在桥下发出嘎嘎声时才能听到。”

也许我应该带着黛西一同前往巴伐利亚州的国王湖。这是德国海拔最高的湖泊，陡峭的岩壁岿然矗立于水面之上。船长用小号吹出短促的音节，音符传至周围的阿尔卑斯山脉上产生回音，游客可以听到最后三个音符在延迟一秒或两秒后的重复。又或者我应该带黛西去 17 世纪法国神学家、自然哲学家和数学家马林・梅森进行回音试验的地方。利用多音节回音，他第一次准确测出了声音在空气中的传播速度。现在，梅森主要是因为在素数上的成就而为人所知，而实际上他兴趣广泛，积极投身于各种实验和观察活动。

梅森当然没有在计算声音速度的实验中使用野禽。他正对一个巨大的反射面，说出“求主保佑（benedicamdominum）”这几个字，然后使用钟摆计算声音传播时间。梅森说话语速一定很快，因为他在一秒的时间里说出了这个 7 音节短语。他站在距离反射面 485 英尺（159.4 米）的地方，原音刚一结束，回音便紧跟着出现：“求主保佑！求主保佑！”这是一个多音节回音，在回音到来之前可以说出很多音节。回音走了两个 485 英尺（总共是 319 米），梅森由此推断声音的速度为 319 米 / 秒，这与约 340

米 / 秒（1200 公里 / 小时）的精确值相差无几。

如果梅森利用鸭子来做实验，就算他站在距离墙壁更近的地方，也能听到清晰的嘎嘎声，因为鸭子的叫声是单音节的。实际上，听到如嘎嘎声般的单音节回音需要站在距离反射面约 33 米（660 鸭掌？）的地方。在这样的距离下，回音有足够的时间弹回来，可以与原音分开并被听见。要听到鸭叫的回音，我需要一大片水域，距离其 30—40 米处得有大型建筑或悬崖。但这样也没有成功，因为鸭叫声过于微弱。距离声源越远，声音越是微弱，距离每加倍一次便减弱 6 分贝。如果鸭叫声在距离鸭嘴位 1 米时是 60 分贝，2 米时便降至 54 分贝，4 米时会到 48 分贝，以此类推。等鸭叫声回音跑完 66 米的路程，只剩下 24 分贝。在完全安静的地方，人类可以听到这样的声音，可惜大多情况下，其他声音如远处熙熙攘攘的车辆和风吹过树林的声音更大，鸭叫声几乎被淹没其中。可惜，就算是在安静的地方，黛西也听不见这样的回音，因为它的听觉比人类要略差。听不到鸭叫的回声的原因纯粹归于物理：回音从所需距离绕回之后变得微弱，因而听不见。

马林·梅森的声学研究远不止于测量声音速度。早在神话揭秘成为广受欢迎的电视节目之前，他就揭穿了 400 多年前的一个传说故事。古典文学中一个最为荒谬的声学观点为支声复调回音，即用法语说出来的话回音会变为西班牙语。梅森知道这不可能，但正如弗雷德里克·文顿·亨特在他的巨著《声学的起源》中所写的一样，梅森“几乎让自己相信，人可以设计出一系列特殊声音，倾听者会误以为其回音是另一种语言”。“支声复调”一词来自音乐学，表示有技巧地同时表演一段旋律及其变体，所以我只能想象支声复调回音可能会加强法语单词音调，让它们听起来像是西班牙语。可惜无人确定地知道这一术语的意思，也就没有支声复调回音的案例。还好，回音还有更多好玩的文字游戏，比如说我在法国的发现。

2011 年一个炎热的晴天，我与家人在卢瓦尔河谷骑行，一直到希农城堡。城堡中心由金雀花亨利建成，他后来成为英格兰亨利二世 国王。不过，我对城堡墙壁外非同寻常的路标更感兴趣。路标上写着“回音”，指向一条小径。声学奇观收藏者如何能拒绝这一邀请呢？小径向上几百米处有一个高耸的小型河道让船处，那里立着一块指示 牌，标明这是测试声学的地方。我不断大喊，切身感受奇妙的回音。城堡反射声音的一侧有部分隐藏在果园之中。回音清晰度完全出乎我 的意料，让我感到十分欣喜。我忍不住拿出卢瓦尔河谷的旅游手册，玩起有趣的回音游戏：

我：“Les femmes de Chinonsont-ellesfideles?”

回音：“Elles？”

我：“Oui, les femmes de Chinon.”

回音：“Non!”

翻译成汉语为：

我：“希农的女性忠诚吗？”

回音：“她们？”

我：“是，希农的女性。”

回音：“不！”

回音发声清晰，每句话都不自然地将重音放在最后一个音节上，如“Chinon”中的“non”，刚好还押韵。单词的一部分从城堡北侧反射回来，清晰可辨。

关于回音还有其他故事。19 世纪鲁道夫·拉道在《声学奇迹》中写道（方括号中是对拉丁语的翻译）：

> 卡丹讲述了一个故事。一个想要过河的男人找不到渡口，失望的他发出一声叹息。回音回答道：“哦！”他感到自己不再是一个人，便开始了下述对话：
>
> Ondedevopasser?[所以我必须过去？]
>
> Passa.[过。]
>
> Qui? [这里？]
>
> Qui. [这里。]
>
> 但是，看到眼前有一个漩涡，他又问道：
>
> Devopassae qui? [我必须穿过这里吗？]
>
> Passa qui. [穿过这里。]
>
> 这个男人感到恐惧万分，觉得有个爱开玩笑的恶魔在折磨他，没敢过河就跑回了家。

《声学奇迹》包含很多 17 世纪罗马耶稣会学者阿塔纳斯·珂雪的观点，他描述了大量剧院声效及其他奇迹。他尤为感兴趣的是多重回音——可以产生多重清楚声音的回音。这一类别回音包括由精巧结构引起的重复回音，将一个词变成一个句子。在 1650 年的两部著作《Musurgia

Universalis》中，珂雪描绘了大型直立板条与说话者在不同距离下产生连续回音的场景。五个板条收到 clamore，从第一个到最后一个板条，回音分别为 clamore、amore、more、ore、re。如果你大声喊出“Tibiverogratiasagam, quo clamore?”（“我该怎么表达对你的谢意？”）这一问题，最后一个单词的回音就会形成一个拉丁语答案：“clamore, amore, more, ore, re.”大体翻译为：“用你的爱，你的习惯，你的话语，你的行动。”

我觉得似乎不太可能，但上述故事值得验证一把。手边没有大型板条，我便在电脑上进行场景模拟。我录下自己说“clamore”的声音，然后使用预测软件估算珂雪图片中声音从每个板条返回的时间。我不断调整板条与说话者之间的距离，以及回音音量，试图创造回音模式。令我大感惊讶的是，上述回音真的出现了，当然也可能因为我的大脑被强制灌输了我想听到这些话的想法。

我曾看到西蒙·辛格演示出类似的效果，基于齐柏林飞船乐队在《天堂的阶梯》中所隐藏的与撒旦有关的话语。如果倒放音频，你会听到：“哦，致我可爱的撒旦。他的道路让我难过，他的力量便是魔鬼。他会带着他的 666 个天使，他让我们在一间工具房里受罪，悲伤的撒旦啊。”宗教组织对这些内容深表不满，美国各州不得不出台法律，要求唱片上加注警示标记。这些观点进一步表明，听正常顺序播放的唱片时，人也会下意识地从中解读倒播中所包含与撒旦有关的信息。

几组心理学家利用合理科学的方法测试了上一论述。实验表明，如果闭上眼睛听倒放的《天堂的阶梯》，你听到的实际上是没有意义的话语。只有在你看着打印版的歌词听歌时，才会听出与撒旦有关的歌词。（你可以亲自试试，很多网站都热衷于对声音样本进行“倒放掩盖”。）[1]大脑无论任何时候都会努力理解不完整信息的意义，它很擅长寻找模式，与不同的信息来源结合。而大脑有时也会出错，在这个例子中它便将书面歌词与倒播时不可理解的喃喃之语联系了起来。

“clamore, amore, more, ore, re”的情况也是一样。我自己听这些词汇，可以找出有意义的短语。回音很弱而且强迫自己认真听时的效果更为明显。如果闭上眼睛，带着分析性从整体来听，主要能听到重复多次的“re”，好玩的文字游戏便消失不见了。

多重回音，或者说同义反复回音，与多面回音基本相同，不过前种回音的同一单词或音节要重复多次。电视剧《辛普森一家》经常利用这一现象创作与听觉有关的搞笑剧情。玛吉在教堂又一次遭到霍默整蛊。她大喊：“霍默，你的行为简直太可恶！”结果出现了“肛门、肛门、肛门……”（英语中“可恶”为 heinous，其回音与肛门 anus 一词读音相同）的同义反复回音。

阿塔纳斯·珂雪对回音恶作剧也兴趣颇浓。他讲述了朋友在罗马坎帕尼亚（围绕在城市周围的低地平原）的趣事。他的这位朋友大喊：“Quod tibinomen？”（你叫什么名字？）回音居然回复道：“君士坦丁。”之所以出现如此自负的答案，原因是有同谋藏在通常不会出现回音的悬崖之后，冒充悬崖发出本不可能存在的声音反射。

另一更为有趣的事迹来自鲍伯·佩里。他学会模仿回音，生动表演了约翰·菲茨杰拉德·肯尼迪的就职演讲。他将每个单词多次重读，听起

① 只有把音碟或唱片倒放时才能听得出来。

来像是公共广播系统造成的音效。如果稍加练习，你也可以自己学会这项技能。挑选语速较慢的一段演讲（音节空档比一般略长，如肯尼迪的演讲），然后将每个音节说两遍："不不要要问问你你能能做做什什么么……"为达到以假乱真的效果，回音音量要比原音略小一些。

火车站的大型演讲和通知声音总是听不清楚，原因多不是建筑的问题，而是电子工程。公共广播系统发送信息的地点太多，声音过大，不同声源跟你的距离不同，因此两个或更多扬声器的声音不会同时进入耳朵。从工程技术角度提出的解决方案是：改变每个扬声器的位置和方向，保证同一时间只能听到一处声音。工程师也可以使用将声音传播至指定区域而非所有方向的扬声器——跟在舞台上使用聚光灯而非通用灯的意义一样。定点传播声音并不总是可行；如果无法实现，就需要工程师为扬声器安装电子延迟设置，保证所有扬声器传送的演讲基本在同一时间到达。你的大脑会将不同扬声器中的演讲汇集起来，形成一个音量较大的声音，最大程度降低重复引起的杂音。

电视节目《袖珍照相机》中，回音恶作剧大师鲍伯·佩里站在科伊特塔上，从这里可以很好地欣赏旧金山景致。他旁边立着一个假造的"回音点"标示牌。鲍伯站在毫不知情的被整蛊者身旁，出声大喊，并模仿延迟五分之一秒的回音，营造出声音从塔上弹回的幻觉。而被整蛊的人无论什么时候大喊，都无法产生回音。

鲍伯·佩里的模仿正是音乐制作人所称的敲击回音，特点为单个声音和延迟重复。这种音效自 20 世纪 50 年代在摇滚唱片中得到使用从而受到欢迎，打造了著名歌手如埃尔维斯·普雷斯利的标志性歌声。音频工程师使用两台录音机来制作电子回音。一大盘磁带需要在两台录音机里进行录音：第一台刻录音乐，第二台稍作延迟之后再次刻录音乐，制作出延迟的敲击回音。磁带经过第一台机器录音头和到达第二台机器的时间间隔决定了回音的延迟时间。在罗斯博士的《Boogie Disease》蓝调音乐专辑中，回音对每个拨弦音进行重复并且延迟 0.15 秒，电吉他的演奏听起来像是加快了一倍。

该音效也为猫王在太阳唱片公司录制的唱片如《蓝月亮》营造出了独特声音。猫王转至 RCA 唱片公司后发表的《心碎旅馆》等在世界各地受到热捧。音效工程师没法制作出敲击回音，转而在录音室外的走廊上增加重回响音效。现在人们可以用数字手段轻松制作这样的音效，延迟可谓现代流行音乐制作基石之一。RCA 的工程师们为了在没有电子设备的条件下制造出该音效，为猫王选择了邻近长走廊或带有圆顶且高度很高的录音室（要知道走廊长度或房屋高度至少得有 33 米，因此他们所需的录音室体积相当之大），这样的地方可以产生敲击回音。

伊朗伊斯法罕的伊玛目清真寺或许也能帮猫王打造他的独特声音。该寺建于 17 世纪，外观精美，铺设着耀眼夺目的蓝色伊斯兰式瓷砖。巨型圆顶高达 52 米，一位导游如此说道："一系列清晰的回音重复着单个的声音。"导游喜欢站在穹顶下方搓揉或者轻弹纸张，产生短促尖利的声音"噼啪、噼啪、噼啪……"房间里会迅速以 7 声回音回应。声音在地板和天花顶之间弹跳，圆顶将声音聚集，迫使它垂直地上下移动。若没有穹顶，天花板的回音会淹没在清真寺其他回声之中。

艺术家卢克·杰拉姆将声音作为艺术媒介使用。他的作品《埃俄罗斯》灵感便是来自伊朗旅行所听到的伊玛目清真寺回音。我大概 7 年前第一次见到卢克。我们两人都坚持到了科学传播比赛（为媒体寻找科学节目主持人）决赛。2011 年，卢克的《埃俄罗斯》，或他所谓“10 吨乐器”安装在我所在大学之外的英国媒体城，那时我遇到了他。

《埃俄罗斯》看起来像是一个巨大的钢刺猬截面，拱顶高 4—5 米，有 300 根空心长钢管从顶部和四周伸出（图 4.1）。卢克作品的造型灵感源于他在清真寺中弹手指时听到的 12 声断断续续的回音。站在《埃俄罗斯》的某个特定位置，可以听见拱顶聚焦并略微放大的你的声音。光线穿过布满镜面的钢管，营造出的几何图案与清真寺装饰有异曲同工之妙。

图 4.1 《埃俄罗斯》

这一作品最为显著的视觉特征是拱顶，其主要音效则是由刺猬支撑杆上伸出的长线（几乎看不见）制造而成。风吹过会引发长线振动。木块相当于小提琴琴桥，将弦振动传递给钢管末端铺设的薄膜，薄膜使得管道中的空气产生共鸣。这一音效极其怪异，跳动的声音如美国作曲家史蒂夫·赖希的极简主义音乐作品，其音调会根据风势而改变。

该作品以希腊神话里的风神命名。卢克希望使用“声音在想象中绘画”，参观者可以“在艺术品身旁将风的形态改变具体化”。声音从上方隐约流动，很难去定位。他精心选定的管道长度刚好可以形成一个音阶。《埃俄罗斯》的音阶是小音阶，为声音注入怪异惊悚的元素。闭上眼睛的话，我可以想象到自己身处火星人入侵之类小成本电影的场景中。

卢克与伊朗的一位挖掘大师碰面后，决心一起来打造《埃俄罗斯》。这位大师为他描述了“暗渠”——地下灌溉管道的建设过程。挖掘要在潮湿的幽闭空间中进行，十分危险。最艰难的任务可能非“恶魔挖掘”所属。他们要在地下挖通至一口水井。想象自己待在拥挤的通道里，挖掘者成功挖通，水流从上方倾泻而下。卢克创造一个会唱歌建筑的灵感就是来源于暗渠通风孔在风中咆哮嘶吼的画面。

许多大型建筑都跟伊朗的清真寺一样设计有穹顶，只是它们的曲度很少能产生独特的回音。图 4.2 中左侧房间的焦点位置过高，右侧房间将声音放大后返回至地面的听者耳中，能创造重复的回声效果。我对一段录音中的回音间隔进行测量发现，伊玛目清真寺内部高度约为 36 米。人在清真寺地面所站的位置已经标示出来，这个点就是有关回音的古籍中所说的“centrum phonicum”。

地板和天花板表面必须采用可以吸收微弱声音的材料。伊斯兰清真寺的瓷砖之所以适用有两方面原因：首先，这种瓷砖很重，声波的力量不足以在瓷砖上产生振动；其次，空气无法穿透瓷砖，音波无法轻易进入瓷砖，只好转而从表面弹走。

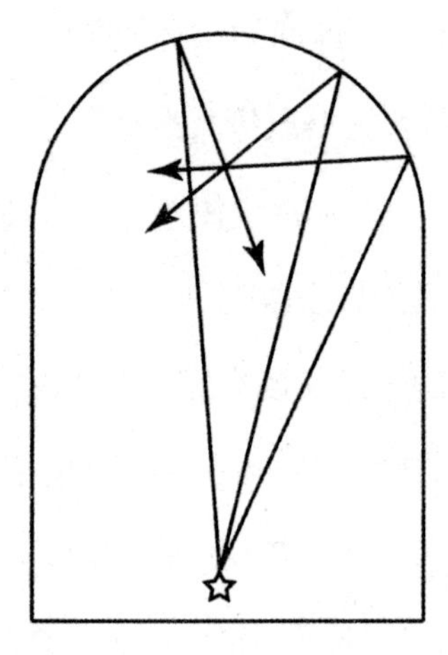
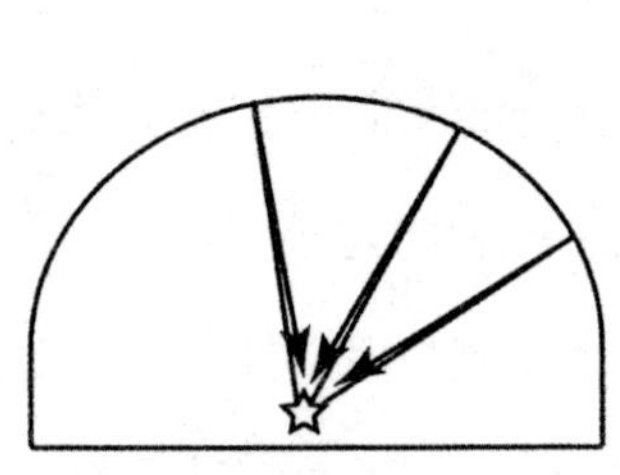

图 4.2　两个不同房间的聚焦效果

伦敦布里克斯顿学院最早是阿斯托里亚剧院，一个源于 1929 年的装饰艺术奇观。电影导演阿尔弗雷德·希区柯克出席了首演之夜，当晚上映的是艾尔·乔逊的《歌唱的傻瓜》。声音在学院穹顶和倾斜的地面之间反射产生回音，不过只有观众席空无一人进行调音的时候才能听到回声。观众坐满时，声音挤进衣服中，声波失去能量，声音被吸收。在观众稀少的演唱会期间，回音还可以加强掌声音量。

布莱恩·卡茨，一位法国学术和声学顾问，与同事共同对巴黎一个早已消失不见的聚音屋顶开展了研究。法国大革命期间，数以千计的人在这里被处决。19 世纪，奥古斯特·理佩治写道："这间房屋（专门）用于对血腥的记忆进行默念和祈祷。1792 年 9 月大屠杀期间，著名的法庭就设在那里……"理佩治如此形容该房间："巨型柱子支撑起屋顶框架，建筑设计精妙绝伦。房屋框架为圆形拱顶，以西班牙栗树制造而成，完全没有使用任何钉子，几千片木头仅依靠木桩固定。"

该房间 1875 年就已经被毁，但布莱恩研究的是 19 世纪的复制品（体积较小，保存在巴黎工艺品艺术博物馆）。屋顶形似将几乎被压平的柳条篮翻转过来，从下往上看，房顶形成带有空隙的圈梁。曲面可以聚焦声音，但焦点高度有问题，人耳听不出效果。这里能产生声学奇观的秘密下雨，梁距离屋顶中心较远，比较靠近边缘。布莱恩证明，在特定频率下，不同屋梁的回声聚集起来，可以提高房屋中间的声音。这实际上是几何学在作祟。圆屋顶的木制格架很像菲涅耳波带片（以 19 世纪研究衍射的法国物理学家奥古斯丁・让・菲涅耳命名）。菲涅耳波带片可以聚集激光束。最近有研究表明，轻便的波带片能够替代太空望远镜上沉重的镜头。声学中，波带片可以用来聚集超声束。

回音不仅是一种有趣的现象，还可以提供安全援助。泰坦尼克号沉没几年之后，一位机智的船长讲述了他的货船在大雾天气中行驶至纽芬兰岛大浅滩，从类似北大西洋的灾难中逃离的故事。船上吹响雾角长达 5 秒，在雾中产生回音，但这会不会是另一艘船上传来的声音呢？船长吹响更为复杂的雾角声，结果一组完全一样声音传了回来，说明这的确是回音。《一日报》刊登了他“避开自己能感到和听到但看不到的冰山”，成功逃生的故事。

另一水手利用回音定位的历史故事发生在华盛顿普吉特海湾。《大众机械》杂志 1927 年发表的一篇文章中指出，普吉特海湾至阿拉斯加的内湾航道“比狭窄曲折的海峡‘小狗的后腿’还要弯曲”。大雾笼罩的天气里，航海者通过蒸汽船的汽笛声回音来确定自己的位置。海峡里潮流汹涌，船舶无法像在开阔的海面上那样，一遇到大雾便减速行驶。该杂志文章还指出：“全速前进，然后全速倒退，是利用回音导航的规则。”如果回音 1 秒之后返回，汽笛声便行进了 340 米，表明船舶距离岸边还有 170 米。学习导航的水手必须记住回声从重要路标返回的时间。一些位置过低的小岛无法产生回音，为此岛上安置了 8 平方米的指示牌来反射汽笛声，帮助船舶导航。

该杂志声称领航员可以根据回音判断海岸线类型：“低海岸线的回音是‘嘶嘶’，高处悬崖为‘砰砰’，沙滩和砾石海滩为刮擦声，分叉的岬角则是双回音（需要仔细听）。”我对上述言论的可信度一直表示质疑，直至听了一位挪威声学专家托尔·哈姆拉斯特的讲座。他对盲人的回音定位进行了实验。

人通过发出咔哒声，倾听回音，就像海豚、蝙蝠和油鸟那样，可以利用耳朵导航。丹尼尔·基什从很小就学会了回音定位。他在《新科学家》中描述了 6 岁时忙乱的学校生活。

> 快速咂舌，用头脑进行扫描，我谨慎地向前移动……如果前方的声音比较柔和，表明有一大片草地……突然，有东西出现在面前，我停了下来。“嗨！”刚开始想是有人静静地站在我面前，我大着胆子说道。我继续咂舌、扫描，发现面前的东西比人的身体要瘦削得多。
>
> 我没伸出手触摸就发现这是杆子……9 根杆子立成一条线。之后我发现这是障碍赛跑道。我从未参加过比赛，但我曾在成排的树木之间穿越障碍骑自行车行进，一路上疯狂地咂舌。

咂舌就是让舌头在嘴中急速下降，可能还伴随着吸吮或短促而尖利的啧啧声。准确的咂舌声是独特的，因此一个人很难利用他人的发音进行回音定位。一个人所发出的声音极具多样性。上颚咂舌是将舌尖和上颚之间的真空迅速释放，短促且音量高，更容易在喧闹的地方辨认出来。上颚咂舌的声音会以各种频率传播，这对回音定位者来说十分有用。他们站在距离表面几码远的地方，从这种表面反射回来的回音速度太快，大都听不清楚，他们必须学会分辨每只耳朵所听到声音的微妙变化。咂舌及其回音之间的干扰可能会引起着色（频率平衡的改变），改变音调质量，也就是音乐家所说的“音质”。反射可能会延长原本的咂舌音，比如说从附近表面反射而来的声音。延长的效果取决于与反射面的距离（距离会改变延迟时间的长短），以及物体如何反射声波（较大的物体对低频声音反射更强，较软物体容易吸收声音，反射较弱）。研究表明，回声定位者初学者稍加练习即可学会分辨方形、三角形和圆形。

一些最不可思议的回音都是由人工结构产生的。精心设计的曲线可以聚集回音，平行平面墙会促使声音来回反弹，这在自然表面是不可能实现的。桥拱很容易创造声音奇迹，我看到《埃俄罗斯》几个月前，在法国多尔多涅河上泛舟游玩时发现了这一点。一座石头拱桥的尺寸和形状刚好将焦点放在水面，划桨在水中产生了神奇的反弹音。午饭休息时我前往沙滩的另一桥下探险。站在桥下，背对拱桥边缘拍手，产生了奇妙的颤音——多重回音。

大西洋上的马萨诸塞州牛顿上瀑布的一个桥管下能产生类似颤音，当地人将它称为“回音桥”。这个拱桥建于 19 世纪 70 年代，横跨查尔斯河，游客沿楼梯行至专门修建的平台，可以感受这一音效。网上流传的几段视频里，小狗被自己的回音吓得半死，误以为河对面站有敌狗。这座桥不但吸引游客和玩心重的狗主人光临，也激起了科学家的兴趣。1948 年 9 月，阿瑟 · 泰伯尔给《美国声学社会杂志》投稿，详尽描述了一个小型研究：“一个鼓掌声反射回来时成为音量降低的十几声回音，速度约为每秒 4 声回音。”琼斯描述了一个精心设计研究反射原因的实验。

琼斯试图要去回答的问题是，声音是从拱桥内部掠过（如同我在下一章将要描述的沙沙作响的走廊），还是在水面上水平传播。他想要利用小号来研究声音是从哪里传来，可惜没有成功。之后，他又使用毯子阻挡声音在拱桥附近传播，但由于风势过大，也以失败而告终。

我无法亲自前去桥梁所在地，便使用照片和明信片来估量拱道的形状。我从小狗视频的声道中估算回音延迟时间，依靠现代预测手段将声音移动变得具体化。

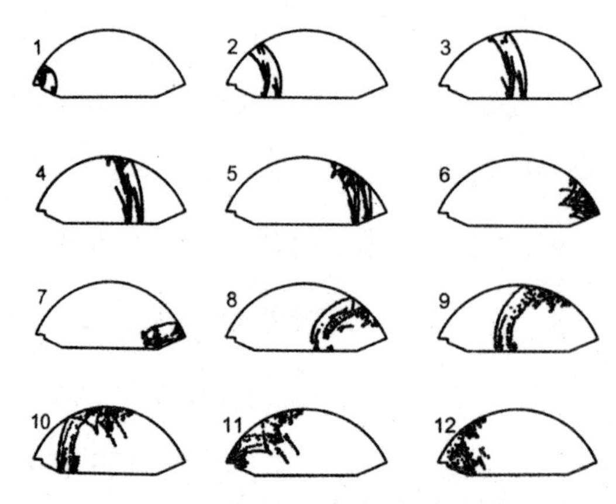

图 4.3　展示回音桥下声音移动的动画截图

为理解桥梁回音原理，我制作了一个动画，图 4.3 为 12 张截图，每张图都展示了拱桥下接近半圆形的样子，左侧为平台，底部长长的线指代水流。从左上角的画面开始，黑点显示了声音如何从说话者所在位置移动至桥梁另一边，再返回来的过程。

为制作这个动画，我用迷你斯诺克球来模拟声音，将它们从平台各个方向射出。电脑模拟出球如何在形状怪异的台球台上弹跳。图 4.3 中的 1—

6 幅图中，声音从左向右移；然后从右边反射，以相反方向返回。琼斯问题的答案是，声音既在曲面内部传播，也掠过了水面。

早期描述回音的人都热衷于寻找重复次数最多的多种回音——可以将一声“哈”转化为笑声的回音。马克·吐温的短篇小说《一个推销员的故事》中，讲述了回音收集者的荒诞故事：

先生，也许您也知道，回音市场的价格幅度极大，跟以克拉计价的钻石一样。事实上，两个市场的计算方式一样。1 克拉的回音值 10 美元，超过它所在地面的价值；2 克拉或双重回音值 30 美元；5 克拉为 950 美元；10 克拉 13000 美元。我叔叔的俄勒冈回音（他将其称为“大皮特回音”）是 22 克拉的宝石，值 216000 美元——这可是他们用身家换来的宝贝。

17 世纪真正的收集者和流言终结者马兰·梅森就这一论断展开了分析：罗马阿文提诺山附近的一个塔可以完整重复维吉尔《埃涅伊德》诗歌第一行多达 8 次。这句话重复 8 次需要大约 40 秒的时间，回音最远需要往返行驶总计 14 公里。声音在这么远的距离下很难清晰地传播。

有关 16 世纪米兰维拉西莫内塔别墅的故事听起来更为可信。18 世纪伟大的数学家丹尼尔·伯努利提出，他可以听到重复 60 次的回音。这给吐温带来了灵感，他的游记《傻子出国记》中有一副插图描绘了一位妇女吹奏喇叭产生回音来逗两位绅士开心。爱丽斯·劳特巴赫在描述意大利花园时写道，维拉在 19 世纪时享有盛名，“不是因为它的花园，而是回音。”

维拉是座长长的马蹄形状建筑，两个巨大的平行侧翼相距 34 米。半闭合的庭院曾经拥有一座繁茂的花园。第一层有扇窗户在一个侧翼附近。站在窗户处说话，声音会在两个平行侧翼之间反弹，在庭院里来回传播。声音往返一圈需要 0.2 秒，短促的声音会重复很多次。以前有篇报告说，鸣枪声可以重复 40 ～ 60 次。维拉 17 世纪时的雕刻显示，侧翼顶壁就是简单平坦的表面，保证声音在来回反射的过程中不会偏移至其他方向，偏离回音路径。

雕刻中的回音窗户看起来有些奇怪——那是顶壁上唯一的开口，破坏了建筑的对称性。我不禁猜想这窗户是否经过精心设计放在这里，为的是充分利用声学现象。不幸的是，维拉在第二次世界大战期间的狂轰滥炸中遭受严重破坏，庭院里的柱廊和长通道都悉数被毁，回音退化至单个的声音。

进入隧道时没法出声大喊，不知道是我一个人这么认为，还是别人也经历过这样的情形。有些隧道里的情况会略好一些，比如说泰晤士河格林威治附近的步行隧道。那是我最喜欢的一条隧道。隧道完工于 1902 年，修建目的是让南伦敦居民走路穿过泰晤士河到达狗岛去上班。结束法国之旅几个月后，我在一个严冬的晚上前往那个隧道，验证儿时的声学记忆是否准确。虽说是步行隧道，但基本上每个人都骑着自行车在其中穿行。走完 370 米的管道花了我不少时间。圆柱形的隧道内壁贴有米白色琉璃瓦。

隧道中光线略暗，直径只有 3 米。声波在这个宽度内来回反射，极其容易失真。如果站在正中间，听到的回音会带有金属特性。隧道共鸣将声音的特定频率提高，听起来十分不自然。我询问了声音艺术家彼特·丘萨克对这里印象如何：

> 隧道中间有时会有街头艺人表演，如果站在尽头，根本听不清楚音调或所使用的乐器。音乐声若从隧道一头产生，听起来倒

是很优美。沿着隧道走，距离越来越近的同时，声音变得愈发清晰，不过走到跟前的时候不免会感到失望。

我在一个地方听到像是货物列车靠近的声音，着实吓了一跳。后来发现，原来这是滑板的辘辘声被隧道放大所产生的声音，才放下心来。玩滑板的人从我身边经过之后，将滑板翻转过来，结果没能及时接住，造成强烈的撞击声，就像是有人砰地关上了大教堂的门。最初的巨响声穿越几百码到侧壁，返回的回音十分清晰。声音在隧道里贴满瓷砖的表面上嘎啦嘎啦穿行很久之后才消失。

布拉德福德大学的声学工程师利用声音在隧道中传播很长距离这一点来确定下水道中出现堵塞的位置。在管道中播放噪声，用麦克风记录听到的所有回音。根据回音返回所需时间可以计算出堵塞点的距离。科学家根据回音的声学特点可以判断出堵塞的尺寸和类型。

隧道中能产生神奇的声学现象，原因之一在于声音可以在中间传播很远的距离。如果你跟别人在户外聊天，两个人距离越远，声音越是微弱。不妨想象一下吹气球的过程：随着气球越来越大，表面积不断增大，橡胶变得越来越薄。在户外距离声源越来越远，就像是站到了气球边缘；能量如气球的橡胶一样逐渐变弱，音量也就降低。隧道中的声波是在管道宽度范围内传播的，宽度不会因为你跟声源距离变远而改变。只有隧道壁的吸收才会造成能量损失。如果隧道壁是由坚硬的材料如瓷砖、砖块或密封混凝土制成，声音可以传播至相当远的距离。

我很想知道为什么自己的声音在格林威治听起来带有金属性，因此在另一个此类音效更强的地方去体验了一把——伦敦科学博物馆实地展馆。

馆内充盈着孩子们在科学中寻找乐趣的吵闹声。一个倾斜的工业管道几乎占据了整个后墙。管道长 30 米，直径约 30 厘米。“听起来像是炮火声。”一个小男孩在我开始尝试之前告诉我。他的描述很是贴切。我拍手的声音听起来像是介于金属片撞击和科幻片中激光枪的缓慢反冲之间。

我们很容易认为声音特性是由管道材料决定的，但实际上，管道虽然由金属制成，材料本身与我的说话声或拍手声回音带有机械性毫无关联。管道可以使用任何坚固的材料如水泥、金属或塑料制成，同样能够产生这样的声音，就像是格林威治的步行隧道那样。最关键的地方在于管道中的几何学原理。产生振动的主要功臣是空气而非管道壁。乐器也是一样。我年轻时曾经学习过单簧管，该乐器的低音总被人描述为“木质的”，也许你会认为原因在于它的管子是由硬质橡胶制成。但我的同事马克·阿维斯演奏黄铜单簧管时发现其音色带有非常浓厚的“木质”感。伟大的爵士演奏家查理·帕克曾使用塑料萨克斯参加一些演出，创造出极其独特的音色。

同样的，小号或长号的“黄铜”音色也常被误以为源于其一般的制作原料——金属。一些历史性的黄铜乐器如小铜喇叭通常由木头制成，但其音色依然带有“黄铜”感。一件乐器同时可以产生许多不同频率的声音，也就是所说的谐音，它能为声音赋予独特音色。一个双簧管演奏家为管弦乐队演奏谐音——440Hz 的 A 调协奏曲时，同时也会产生 880、1320 和 1760Hz 的声音。这些谐音都是基本频率的倍数。声音强度由乐器的几何结构决定。当大号大声响起时，管道内会产生冲击波，出现许多高频声音，与音爆极其相似。“黄铜”音的产生与音频高而强烈的音符有密切关系。

科学博物馆的回音管只能产生几个强烈的谐音，这些声音频率并不单单是基本频率的倍数。乐器演奏之所以动听是因为经过精心设计，它们可以产生声音频率间隔十分规律的和声。大片金属容易产生音频不规律且不协和的声音。因此，管道中不协和的频率为声音加注了金属性。决定乐器声音的另一关键是音符如何开始及结束。金属钟音条的美妙声音可以持续很久；相同地，声音在科学博物馆回音管的空气中可以持续传播很长时间。

我对回音管的另一神奇之处也深感兴趣：拍手可以产生尖锐的声音。回音起初频率很高，然后音高逐渐下降。我跟几位同事谈过，他们也对此感到不解，我们都不懂为什么音频在一个管道中会发生变化。身为科学家十分有趣的一点在于，你可以颠覆自己的预期，然后搜罗新的东西试着去理解。查阅文献之后，我发现音频逐渐降低的声音其实是“涵洞哨音”。关于这点最早的文字记录来自几十年前一位名叫法兰克·克劳福德的美国科学家。他听见加利福尼亚一个沙丘下面管道中由于扰乱频率产生了啁啾声。为找到这种发现的合理解释，一篇文章如此描述：“克劳福德用双手拍起小手鼓，在旧金山海湾地区所有的涵洞前用手敲击胶合板。”

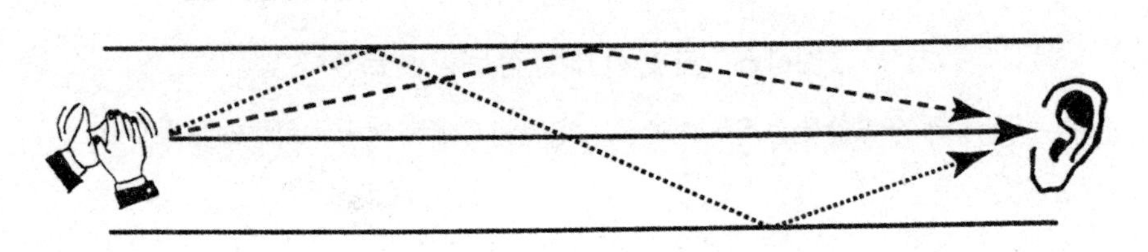

图 4.4　在长管道一头拍手，在另一头倾听

站在涵洞一头听另一头的人拍手，如图 4.4 所示，第一声是沿着最短的路线从管道中间直接传播过来的。第二声在侧壁上反弹了一次，因此行进距离稍远一些。下一声在左右侧壁各反弹了一次，沿之字形从管道中穿行而至。之后的声音都经历了距离更长更为曲折的路程。将这些声音随着

时间推移传播而来的样子描绘出来，如图 4.5 所示，你会发现回音起初间隔较小，随着时间推进，最后的回声间隔逐渐拉大。在任何特定实例中，回声的音高都是由临近回音的间隔决定的。回音一个接一个迅速到达时（就像最开始那样），便会产生高频声音。回音时间间隔拉大时，频率随之降低。振动发生在坚固的物体如金属中的话，会产生下滑音。这也许是回音管听起来带有金属性的另一个原因。

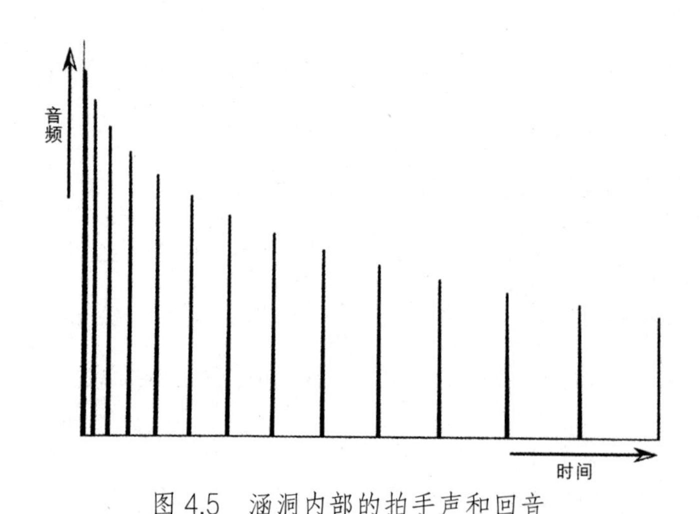

图 4.5 涵洞内部的拍手声和回音

（每一次的拍手声都简化为用峰值表示，方便更为清晰地表示到达的拍手声回音）

多重回音是产生近音乐声回音的核心。泛舟之旅结束不久后一个炎热的午后，我站在法国昂古莱姆市的漫画博物馆外，我可爱的孩子们正在里面聚精会神地阅览《阿斯泰利克斯历险记》和《丁丁历险记》系列。百无聊赖之际，我试着拍动双手，想听听大楼前部会产生怎样的回音。这栋白色的楼前身是座仓库，占地开阔，高度较低，过去用来存储法国白兰地酒。结果，另一结构产生的回音吸引了我的注意力——右手边的楼梯处传来高亢尖锐的声音，仿佛是有人在挤压吱吱叫的玩具。这可是音调回音！我将这阶短楼梯上传来的回音录下来，用笔触记录下这一发现，充满热情的实验彻底点燃了那个无聊的下午。

我听到的回音与第二章所讲述的玛雅金字塔啁啾声回音是一回事。楼梯可以产生各种不同的声音。声学工程师尼克·德克勒克写信向我描述了一个嘎吱作响的楼梯："它位于斯里兰卡的宝石河（穿过这条河才能到达卡达拉加玛的圣殿）上……如果在过河时拍手，或是有女人浣洗衣物时将衣服放在岩石上摔打，可以听见鸭子的嘎嘎声。" 欧洲艺术家大卫·波多尼将气球刺破来演示奥地利林兹市非同寻常的声学现象，其中就包括一段长楼梯上产生的爆破般呼哧声。

这些奇怪的声音是楼梯踏板扭曲气球爆破或鼓掌声而产生的回音模式，几何学对这一模式可以做出合理解释（图 4.6）。图 4.7 显示了 90 个回音，每个都是由站在玛雅卡斯蒂略金字塔前拍手时每层踏板产生的回音。音频以大约一个 8 度音阶降低，因为回音之间的间隔粗略地算在翻倍。

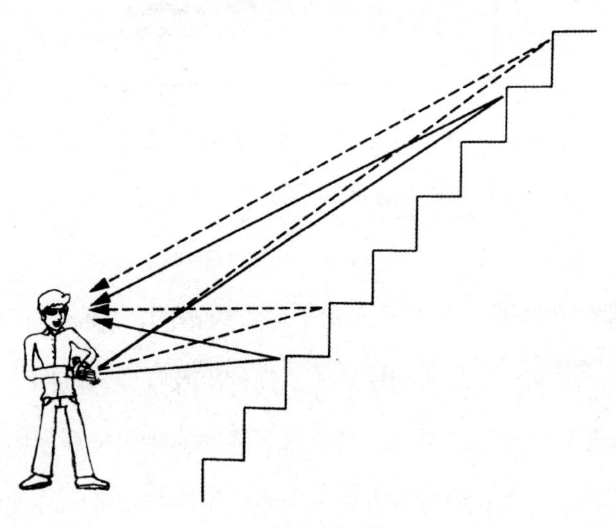

图 4.6　楼梯上产生的啁啾般回音

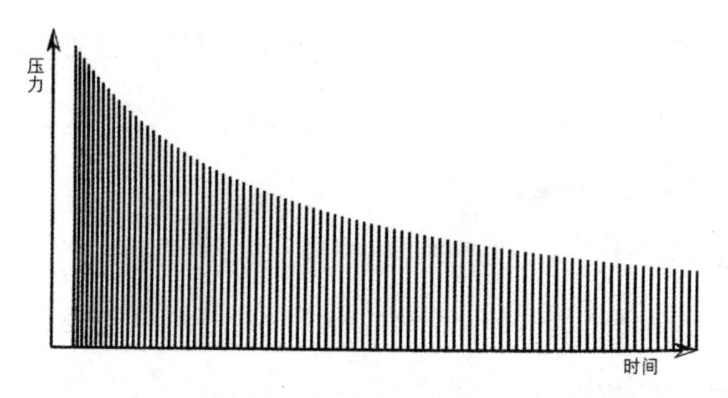

图 4.7　一次拍手在玛雅库库尔坎神庙卡斯蒂略金字塔楼梯上产生的回音

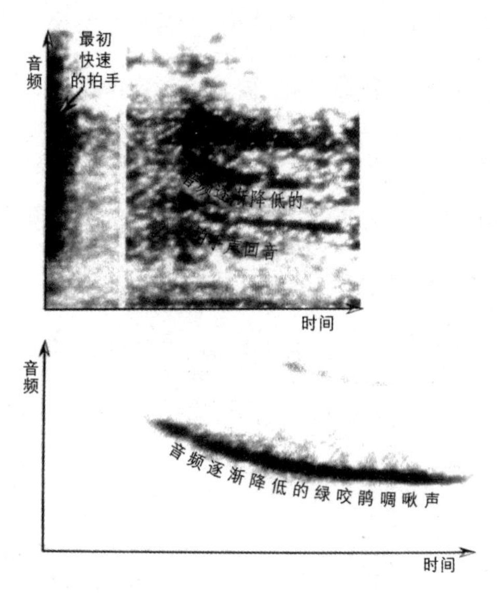

图 4.8 卡斯蒂略金字塔（顶部）与绿咬鹃的声波标记图
（为更清楚表示啁啾声的下降，将回音进行了放大）

分析啁啾声的最佳方式或许就是通过声谱图，之前我在研究蝙蝠叫声中使用过。图 4.8 上方的图片显示了楼梯上吱吱作响的回音。最左边的黑色垂直线表示最初的拍手声，向右方下降的模糊黑线表示回音音调逐渐降低。这里将这一声波图与下方显示出类似下降趋势的绿咬鹃叫声进行比较。音调相似的下降趋势解释了为什么有人认为楼梯回音听起来跟鸟儿的啁啾声很像的原因。

楼梯会产生何种回音取决于拍手者所站位置，以及梯级的大小和数量。漫画博物馆外吱吱作响的楼梯很短，不能产生足够多的回音来形成像鸟儿啁啾般的声音。世界上最长的楼梯位于瑞士尼森山的登山铁道旁边，一年只在马拉松赛事期间对公众开放一次，胜利者需要爬上 11674 层台阶。我在声学模型中模拟该楼梯时，听到了呼哧呼哧响的汽笛声。

若你想找一段楼梯亲自试试，我建议找个远离其他反射面且周围十分安静的楼梯。楼梯不需太长，20 级可能就够了，不过层级越多，回音效果会更为惊人。

考古学家就玛雅金字塔中楼梯的作用及它们的建成是否为了模仿绿咬鹃的啁啾声进行了争论。暂且不看这些争辩，就算玛雅人如果用其他方式建造楼梯，它们还能模仿别的什么声音呢？

一段楼梯的回音由拍手声在每层踏板上反弹然后返回听者耳中所形成的反射模式所决定。普通楼梯上，后边回音的间隔要比前边回音的长，因而啁啾般回音音频会逐渐降低。假设现在有一段带有缺陷的楼梯——所有梯级大小并不都一样。从楼梯底部往上走，梯级越来越小，回音音调会逐渐上升。快到顶部时，梯级变得越来越大，音调急速下降。如果楼梯梯级宽度在 3—10 厘米，就可以听到先升后降的啁啾声。这样的楼梯能够吹出一段挑逗口哨，原本毫无用处的楼梯转身成为声学奇观！

隧道的润色并未让我的声音变得动听，但它解释了为什么有关音调回音的古老书籍中描述声音会被赋予了独特音调。在楼梯附近拍手的实验表明，室外的回音听起来很像是清晰的音调。有些过去的回音故事并不属实，最不真实的便是小号曲调的回音音高会变低。音高改变不符合物理学原理，“鸭子的嘎嘎声没有回音”这句话也是一样，但人们很愿意将这些故事和说法延续下去。也许小号回音仅仅是个玩笑话，或者原故事中说的是对音调进行一点点润色，而人们在反复讲述故事的过程中不断将其夸大。

无论本章中描述的回音多么强大，或属于何种类型，它们都有一个共同点：一只耳朵就可以听到，也就是说，它们是单声道声音。现在，跟我一起去探究双声道声音奇观，看看它们是如何挑逗利用两只耳朵来定位的人脑吧！

第五章　在拐弯处回旋

华莱士·萨拜因是建筑声学的师祖，他将从巨大半球形穹顶反射回来的悄语称为“隐形的模仿者效应”。据著名物理学家 C.V. 拉曼记述，在印度高尔戈巴兹陵墓（Gol Gumbaz Mausoleum）的巨大穹顶下，“一个人的脚步声可以引发一群人走路的声音”，“一次响亮的拍手声可以引起清晰可辨的十次回响”。在我的下水道之旅中（见前言），我的语音仿佛紧贴着下水道的墙壁，在环形的空间中回旋，同时渐弱直至消失。简单的凹面就能制造最奇特的声效。

1824 年，海军军官爱德华·博伊德记述，曲面可以大幅增强声音，而且可能带来不良影响。他写道：“在西西里岛的吉尔真蒂大教堂，站在主祭坛后面的门旁边的人能清楚地听到大西门那里的最轻的谈话，而两个地点之间的距离足有 250 英尺。”不幸的是，教堂中忏悔室的位置选得很不好：“让忏悔者惊惶不安的是，那些本该讳莫如深的秘密为人所知，成为丑闻……直到最后，一位偷听者因为好奇心而自食其果——他亲耳听到妻子承认对其不忠。这个偷听地点于是广为人知，忏悔室因此移走。”

几个世纪以前，人们就知道曲面可以放大声音和改变声音的传播方向，可用于偷听。阿塔纳斯·珂雪在 17 世纪就对此做出了很好的解释。我们已经在第四章认识了珂雪，他撰写了大量有关回声的文章。他的文章中还记录了一些怪诞的装置，包括用于窃听的装在皇家会议厅墙内的巨型喇叭状助听器。他最为人所知——或者罕有人知——的装置是猫琴

（Katzenklavier，字面意思为“猫钢琴”，图 5.1）。装置前部是普通的钢琴键盘，后部是一排各装着一只猫的笼子。每次按动琴键，就有一枚钉子扎在一只不幸的小猫的尾巴上，让它发出尖叫。每只猫尖叫的频率不同，对应不同的音符。如果找对了猫，那虐待狂乐师就能利用它们弹出曲调来。这样的声音应该是非常折磨人的，但是它的设计意图是震动精神病人，以此改变他们的行为，而不是造出真正可演奏蒙特威尔地或普赛尔作品的乐器。万幸的是，这个装置应该从没被造出来过。

图 5.1 猫钢琴

（CNUM 提供，Conservatoire Numerique des Arts et Metiers, http://cnum.cnam.fr, La Nature, 1883, p. 320）

看到这你可能会怀疑珂雪其人神智是否正常，理性是否尚存。然而他还画过一些示意图，科学地解释了椭圆形天花板如何增强两人之间的交流（图 5.2）。

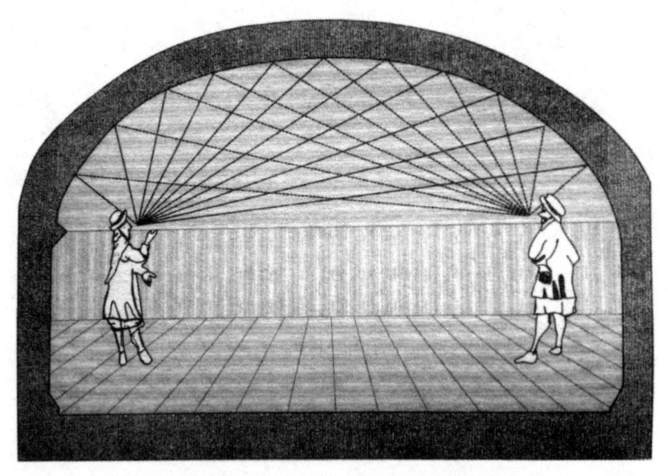

图 5.2 阿塔纳斯·珂雪著作《新声响》(Phonurgia Nova)(1673)中插图的简化改版

示意图中的直线表示“声线”从说话人到收听者的行进路径。这些线的路径可能是用尺子和量角器画出来的。或者，如果将房间看做一张变形的台球桌，就可以通过追踪白色母球的滚动轨迹而将这些路径画出来（在不考虑重力的情况下）。假如白球从说话人的嘴的位置开始向天花板射出，它一定会到达收听者。所以所有向上的声音都集中在收听者那里，使得哪怕是最轻声的讲话也能被大房间另外一边的人听到。

这个设计的问题是，说话人和收听者必须站在特定的位置，即椭圆形天花板的焦点上。如果有人想要对分散在房间中的一群听众讲话，这样的设计就不是很有用了。在 1935 年，为了试图克服这个问题，芬兰现代建筑学家阿尔瓦·阿尔托为维伊普里图书馆设计了波浪形天花板。（原本这座图书馆位于芬兰，但是维伊普里市在第二次世界大战后被纳入苏联。）从房间尽头的讲台可以看到，天花板仿佛是流淌进了房间的起伏海浪。每一个波谷形都成一个凹面，能够为一部分听众扩大声音。不幸的是，每个波峰也会反射声音，方向却是说话人，这减弱了对房间后部的反射强度，使得在那里的听众较难听清说话人的声音。在现实中，为了改善房间内交谈音效而使用弯曲天花板聚焦声音的建筑作品很少能达到预期的效果。

美容放大镜利用简单的曲面反射将光线集中在一点，椭圆形天花板的工作原理同放大镜一样。天花板和美容放大镜都能起到放大作用，只不过光线的集中效果是得到更大的映像，声音的集中效果是更响的声音。你在美容放大镜中看到的映像是变形的，因此你才能看到自己脸部放大的图像。但是对于听觉来说，从天花板不同部分反射过来的声音集合在一起进入耳道，之后被大脑整体处理，最终效应就是更响的声音。这还使得远处的发声物品听起来好像比实际的距离更近一些。

在《物理学基础》（Elements of Physics）（1827）一书中，尼尔·阿诺特写道："船帆被微风吹得呈凹面展开后，就是一个很好的集声器。一次，有人站在一艘沿巴西海岸行驶的帆船上。这时陆地遥不可见，然而在通过某一个地点的时候，他总是能非常清楚地听到各种欢庆的钟声。所有在船上的人都过来听，也都听到了。但是这个现象还是很神秘，因为没人能解释。几个月后，人们才发现了真相。原来当时巴西沿海城市塞尔瓦多正在鸣钟庆祝节日。节庆的钟声借清风之力，沿平静的水面远播到 100 英里（160 公里）之外，那艘帆船正巧在声波传播途径上，而船帆又起到聚焦声波的作用，使得船上的人们听到了钟声。"

这个故事是真实的吗？声反射镜能够接收到 100 英里之外的钟声吗？要回答这个问题，得找到几个时间距现在更近的例子。在曼彻斯特南边的乔德雷尔·班克天文台耸立着一个巨大的碟状物——洛弗尔望远镜。这架望远镜使用同样的集中过程收集和放大无线电波，过去它曾在太空竞赛中扮演了重要角色。在 1966 年，苏联航天探测器露娜 9 号登陆月球，让西方国家大为吃惊，这个天文台拦截了露娜 9 号的信号，将其输入传真机后得到了月球表面的照片，并抢先于苏联媒体在英国报纸上公布了这些照片。

在这座巨大的望远镜附近有两座回音凹面（在其他科学博物馆和雕塑公园也可以找到类似回音凹面）。最近一次我去那儿的时候，我的两个十几岁的儿子对着这两座凹面轻声地说彼此坏话，玩得不亦乐乎。这对回音壁相距 25 米之远，两兄弟的嘁嘁喳喳声仍旧很洪亮。然而，在阿诺特所讲的故事中，帆船与塞尔瓦多的距离远远超过了几十米。

有些建筑的设计目的就是反射相对较远距离的声波。在英格兰海岸沿线，我们便可以发现一些这样的声学反射镜的遗址。这些混凝土碗状建筑的体积庞大，外表丑陋，一般直径在 4—5 米，朝向大海。它们建于 20 世纪早期，原本的作用是预报敌军空袭。其中大部分呈碗状，但是在肯特郡登革地区（Denge）的是一个巨型的大弧度的褪色混凝土拱门。拱门高 5 米，宽 60 米——相当于 5 辆双层巴士首尾相连的长度。无论在水平方向还是垂直方向它都是弯曲的，目的是扩大来袭飞机的发动机声响。

军方的实验显示，这座巨大的条状反射墙可以侦查到 32 公里外的飞机，即飞跃英吉利海峡大约三分之一航程的敌机。但是在天气条件不好的情况下，侦查员只能侦查到 10 公里之内的飞机，而那些发动机声音较小的飞机就更难被发现了。即使是在好天气的情况下，这些声音反射墙仅仅能提前 10 分钟警告敌袭。因此，随着 1937 年第一个可实际应用的雷达系统被开发出来，大规模建造回音墙的计划就搁浅了。

混凝土回音墙只能侦查到短距离内的声音，这使得那个在离城 100 多英里外的船上听到节日钟声的故事显得愈发离奇。但是几年前英格兰的一件灾难性事件为我们的疑惑给出了提示。

2005 年 12 月，在位于赫默尔亨普斯特德市的邦斯菲尔德油库，一个满溢的储油罐发生了剧烈爆炸，爆炸产生的声波使得远在 270 公里之外的比利时的玻璃门产生震动。这是和平时期欧洲发生的最大规模的爆炸，据测里氏震级为 2.4 级。虽然在邦斯菲尔德的爆炸声极大，但是仅用初始声量无法解释声波如何能传播得那么远。

灾难发生在一个无风、无云、有雾的早上，温暖的上层空气将一层冷空气圈闭在地面附近。如果不是因为温度的骤然巨变，数百公里之外的比利时人本不会受到惊扰。当石油炼化厂发生爆炸，声波本应向各个方向传播，就像以石击水时产生的波纹一样，大部分的声音会向天空的方向传播，一般情况下不会再被人听到。但是在产生逆温（temperature inversion）的情况下，向上的声音被折射回地面，从而传入远方的人们耳中。

有意思的是，阿诺特的帆船故事中提到天气是故事中关键的一个部分。如果存在逆温现象帮助声音转向，这个故事很有可能是真的。

几年前，我在皇家阿尔伯特大厅为上千个小朋友做了两场科学实验秀。这个大厅虽然作为音乐会场为世人所知，但其建设初衷其实是促进艺术和科学发展，大厅所在之处的地皮花费皆是 1851 年世界博览会的盈利。对我这样的业余表演者来说，复杂的科学实验秀本来就已经是个吓人的艰巨任务了，表演场地竟然还特别大。幸运的是，大厅落成 130 年以来，声学有了巨大的发展。实际上，当年威尔士亲王为大厅剪彩的时候，他的演讲声音效果就差强人意。根据《泰晤士报》1871 年报道：“亲王殿下演讲的语速缓慢，发音清晰，但是被回音所干扰。这种回音好像是管风琴的回音，或者是回音廊中突然响起的回响。它重复句子中的单词，造成强调那些单词的假象。如果不是在这样严肃的场合，这种现象还是挺有趣的。”

大厅中随处可见的曲面可能是形成这种学舌般的回音的原因。从上方看，这个大厅的平面底图呈椭圆形，并且整个结构都覆盖着一个巨大的穹顶。曲面能够像珂雪的椭圆形天花板一样集中声音，但是回声的大小取决于房间的大小。在巨大的皇家阿尔伯特大厅，这些曲面就引发了严重的回音。人们听到的声音不仅有从讲台发出的，还有被反射后从房间的几个不同方向传来的。在小房间里聚集到焦点声音能够很快到达，因此回声不明显；而在大房间里，回声的到达时间被延迟，因此形成学舌回音。

你可以与朋友一起就这个现象做个实验。找个有大块反射墙的露天场地，比如公园旁边的大型建筑，或者采石场的边缘。周围特别安静的地方尤佳。因为要做实验的话，需要你听到声音从墙反射回来，不能有从其他表面反射的声音的干扰。如果墙面够大，也可以不是曲面。在实验中，你可以与朋友保持一定距离，但是你们各自与墙面距离最好一致，因为这样的实验效果更加明显。在雪天的实验效果最好，因为在地面有积雪的情况下，反射到地面的声音会被雪吸收，而且路上的车辆也会大大减少。

和你的朋友边聊天边往墙的方向走，到了一定的位置你就能听到建筑反射回来的声音。离墙越近，回声就越响，原因是回声传输的距离变短了。但是再近一些，大约在离墙 17 米左右的时候，回声就开始变得越来越弱，直到在离墙 8 米左右的时候回声完全消失。它还存在，只是你已经听不到它了，因为你的大脑将回声和从你的朋友那里直线传播过来的声音混在了一起。

大脑混合声音的方式是很有意义的，因为若非如此，我们很快就会被身边各种各样的回声所淹没。在我打出来这个句子的时候，键盘敲击声被桌子、电脑屏幕、电话机、天花板等反射回来。然而我的听觉并没有被这些不同的回音所干扰，在我听来，键盘敲击声理所当然的是由键盘直接发出来的。

珂雪描述的小房间中的声音传播与此如出一辙。从椭圆天花板反射回来的声音到达耳朵的速度很快，只要回声不是十分响亮，大脑就不会把它与说话人和收听者之间直接传播的声音区别开来。相比之下，皇家阿尔伯特大厅太大了，回到焦点的回声到达人耳的时间太晚了，所以才产生了学舌回音。

声学工程师们十分努力的想要消除皇家阿尔伯特大厅的回声。最成功的解决方案是加装从天花板垂下的“蘑菇”悬吊顶，即将大型盘状物挂于穹顶下面反射声音。这个想法来自英国广播公司的肯·希勒，初次安装完成于 1968 年。

虽然现在已经不再能够欣赏到（或者为之感到困扰）因大厅天花板而产生的回音，还有很多其他的穹顶供我们探索。例如距离我家几英里的曼彻斯特中央图书馆就有一个大型的穹顶，穹顶的声音焦点在原来放微缩胶片放映机的地方附近。每当有人把玻璃板盖到微缩胶片上的时候，就能听到天花板那里发出响亮得让人吃惊的回声。

这个图书馆目前正关闭装修。我希望这栋建筑不会步上美国国会大厦的后尘。这座位于华盛顿特区的大厦在 19 世纪的一次装修中毁掉了著名的回音天花板。国会大厦旧有的穹顶是一个几近完美的半球型，声音焦点大约在与人等高的位置。虽然天花板看起来是一块块的方形藻井嵌板，但实际上它是平滑的，造成这个结构和质地视觉效果的是上面的错视画法（trompe l’oeil）绘画。在 1901 年之前，这座穹顶建筑是一个著名的旅游景点。据 1894 年的《纽约时报》报道："在这座宏伟的大理石建筑物中有很多可供参观之处，然而回音廊仍旧拥有巨大的影响力。不时有华盛顿的老居民通过别人的介绍来到这 里，体验这个古老大厅中的各种回音和其他声学现象。这样的游客往 往会对这么晚才发现这样一个绝妙的趣处而感到不好意思。"

然而，虽然这座建筑对游客来说是个很有趣味的观光地点，但是对众议院来说，这却不是个进行辩论的好地方。1893 年的《刘易斯顿每日阳光报》报道说："在发表演讲的时候，演讲者必须小心注意自己的位置，如果他在不同的声音焦点之间变换位置，很难说大厅的音响效果会将他的雄辩之辞转变成什么样子——渐强的排比句可能变成可笑的吼声，轻柔的语句或者在讲台上的悄悄话可能变成尖叫。"

在 1898 年，美国国会大厦的其他地方发生了煤气爆炸并引发火灾，于是木质穹顶被防火结构所取代，真的石膏嵌板代替画有错视画法的平板，声音焦点的影响被削弱，不再那么引人注意。正如杰出的声学家洛塔尔·克里默所说："让所有人惊愕和失望的是，由于模糊的漫反射取代了精确的几何反射，著名的聚焦效应被大大削弱了。"

将光滑平面变成凸凹不平的表面，就像拿一面极好的光学反射镜，之后把它划烂或者变成毛玻璃。不规则的表面会导致光或者声音发散，偏离焦点。对光学反射镜来说，这样做的后果是出现模糊的镜像；对于国会大厦的穹顶来说，这种分散减弱了回声，因此悄悄话不再能清楚地被其他人听到，说话声的失真也会变少。

嵌板对国会大厦声音焦点的影响让我想起了几年前我参加的一个工程项目。我为位于华盛顿特区的美国原住民国家博物馆中的大型圆形大厅——拉斯穆松剧院设计了漫反射表面。我设计的不平滑表面就像国会大厦穹顶的嵌板一样，使得声音散开，不再聚集到声音焦点。这种散射墙面的截面看起来好像城市高楼大厦的剪影（图 5.3）。声音在遇到散射墙面后，墙表面的不规则高度会迫使声音反射到不同的方向。

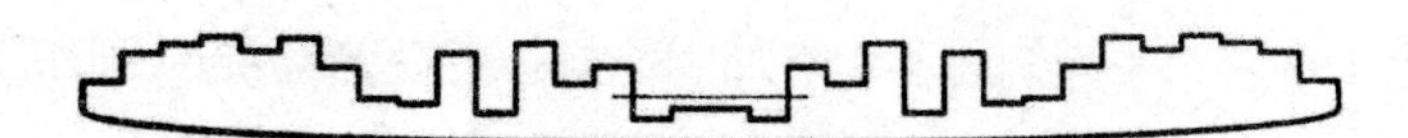

图 5.3　美国原住民国家博物馆环形墙的散射墙面设计

我的发明还包括使用这种“摩天大楼”墙面的地点和高度。我采用试错法，即用计算机程序试验很多不同的“城市天际”墙面，预测不同种类墙面反射声音的效果，评估曲面的声音焦点能否因此消失。程序持续不断的重新排列墙面凸凹，直到找到符合要求的设计。这种反复过程被称为数字优化（numerical optimisation），已经广泛应用于工程学的很多分支，包括设计航天器部件。这种方法尤其适合声学散射墙面的原因之一，是它能够使设计出来的墙表与房间的视觉效果相合。声音改变装置不一定是难看的附加物，它可以是曲线形、城市天际形、金字塔形——建筑师想要什么形状，就可以是什么形状。数字优化法可以排列这些形状，找到最佳的声效设计。

“穹顶的有趣之处在于，如果你站在它下面正中的地方拍手，你随后会被拍手声的回音震得失聪一阵子。如果你用害怕的语气说：‘一个手袋？’你会随即听到仿佛伊迪丝·埃文斯女爵从天堂传音般的回声。”

这是记者迈尔斯·金顿的文字，目的是鼓励你解放内心中的布莱克内尔女士（Lady Bracknell，奥斯卡·王尔德《不可儿戏》中的人物）。虽然穹顶很好玩，但是浑圆的球形房间更是妙不可言，因为其中的声音反射更强。

位于波士顿的彩色玻璃地图馆是在建筑师切斯特·琳赛·丘吉尔建议下修建的一座直径 9 米的球形建筑。它的外表是一个巨大的空心地球，着色玻璃栩栩如生地描绘了诸海洋和大洲。这些玻璃嵌板安装在球形青铜框架上，共有 608 块，工人们用了 8 个月时间才完成这些嵌板的绘画和烧制。一座小桥连接了赤道上的两点，参观者们走过桥就横穿了地球。这个地球形的建筑外面有 300 个灯泡照明。身处地球之中看地球是个不寻常的经历，而让参观者们印象深刻的还有几何的无心之作——奇特的声学现象。

密歇根州立大学的威廉·哈特曼和他的同事记录了地图馆中的各种听觉怪相。一般来说，如果说话人离收听者越来越远，收听者听到的声音就会越来越小。但是在球形房间中就不一定了。想象一下这样的情景，哈特曼写道：“你在地图馆的桥上，静点（dead center）左边两米的地方。你的朋友在桥的正中间与你说话。他的声音听起来很小。之后你的朋友向后退，他的声音反而越来越大，直到他走到静点右边大约两米的地方。”

图 5.4　彩色玻璃地图馆的声音焦点

图 5.4 的素描图展示出究竟发生了什么（为了让大家更容易看明白，图中使用了圆圈而不是整个球形）。当说话人在中心点说话时（图 5.4），所有的声音反射回来，所以对在中心点左边的收听者来说，说话人的声音小得让人意外。如果说话人向右移动，那么反射集中点向收听者靠近。在说话人和收听者处在中心点两边对称位置时，声音最大（图 5.4）。

由于在彩色玻璃地图馆，说话人的上下前后都是曲面，这个现象表现得特别明显，虽然如此，西班牙瓦伦西亚理工大学的何塞·桑切斯—德埃萨报告说，在合适的结构中，声音甚至可以传到建筑外。墨西哥韦拉克鲁斯附近的森波阿拉建筑遗址是保存最完整的阿兹特克人仪式中心建筑范例。巨大的草坪广场上散布着各种建筑遗址，其中一种是低矮的顶端带有城垛的圈地。旅游指南上对这个建筑功用的描述模棱两可："与墨西哥（阿兹特克）崇拜鳄鱼的文化有关，也有可能是雨水的接入口。"在照片中，这个建筑看起来像是由大而圆的卵石垒成的石头羊圈。无论这个圈的功能是什么，它有一个声学焦点。桑切斯—德埃萨报告说，如果收听者站在合适的位置，当他的伙伴沿圈的对角线边走边说话时，说话人离收听者越远，声音越大。

为了找到球形房间，我向城市探索者们求助。他们是一群喜欢探索下水道、废弃的地铁站和楼宇的人，他们享受在侵入空无一人、鬼气森森的地方时所产生的本能的战栗，以及找寻这些地方里未被记录的历史和过去的居住者留下的遗迹。地下大英百科全书组织是一个致力于合法探索英国地下地点的组织，其中一位成员给我发来一封邮件，描述了在柏林的一个穹顶，它是冷战期间西方最重要的监听站之一。附件中是穹顶的照片，位于一座废弃的塔的顶端。我决定一定要去看看这个地方。

这座废弃的间谍站位于托伊弗尔斯贝格（Teufelsberg，意为“恶魔之山”，图 5.5）山顶，格吕内瓦尔德森林之中。我在一个炎炎夏日穿过树林向监听站进发。这座人造山由第二次世界大战中因空袭和炮轰而产生的碎石瓦砾堆砌而成，规模之大让人感到难以置信。

图 5.5 托伊弗尔斯贝格

在进入前，我得签一份免责书，因为这些废弃的建筑空洞累累、墙体不全，而且在楼下也没有防护措施。我的德国导游是马丁·沙弗特，他是一位年轻的历史学者，神气的蓄着整齐的胡须，梳着马尾辫，戴眼镜和平顶帽。在马丁解说这个地方的历史的同时，我仔细观察了楼宇的残留部分。门窗都不见了，地上到处是破碎建筑的残片，还有半非法聚会遗留下来的碎玻璃。完好的墙壁上画满了涂鸦。向上看，主楼的顶层有三个穹顶，有的已经被损坏，部分墙壁破烂不堪，但是最高的穹顶保持完好。它在突出于房顶的一座五层高的塔的顶端。

这些是雷达天线罩，原本的作用是屏蔽窥探、隐藏英美监听东德、捷克斯洛伐克和苏联广播和无线通讯的间谍活动。这些球形穹顶的功能还包括保护监听设备不被风雪损坏。现在设备所保留下来的只有天线的水泥底座。穹顶由在框架上搭建的三角形和六角形的玻璃纤维嵌板构成，看起来像一个巨大的足球。玻璃纤维不会阻碍电磁波，因此是雷达天线罩的理想材料，这也是人们在第二次世界大战期间研发这种材料的原因。

支撑最高穹顶的塔的所有墙都已经没有了，但是穹顶本身完好，这是因为它现在是柏林的航空管制设施，所以被重建过了。塔中央的楼梯井墙面脏乱不堪，被涂鸦覆盖。在通往穹顶的楼梯上，我能够听到其他来访者为制造回响而发出的声音。这个雷达天线罩回音的中心频率反射时间约为 8 秒，身处其下仿佛如在大教堂。乐手们会来这个地方演奏，但是除了声音的反射以外，还有更多有趣的地方。

我站在塔中观察其他的来访者。在发现不寻常的回音声效时，他们惊喜的表情真是很奇妙。即使是脚步声这样简单轻微的声响也能被反复回放。有些人兴致勃勃地反复发出声音（用力跺脚的声音会响 8 次，听起来好像远处的爆竹声），而大部分人则只会发出比上次更轻的声音，几乎是把这里当做教堂或庙宇之类的地方对待。

之后我爬上了遗留的天线底座，那里是房间的中间。这个穹顶大约是三分之二球体的形状，直径约 15 米，由发黄的六边形构成。地板上有一组 2 米高的涂鸦，唯一没有涂鸦的地方有一个小开口直通楼顶，下面毫无保护，有五层楼高。我拿出录音机记录自己对这个地方的印象，我说的每个单词都被天线罩反射、重复。

我想知道，在托伊弗尔斯贝格是否会出现与球形的彩色玻璃地图馆相同的效应。在这样的房间里，声音焦点不同寻常的强，有可能出现自己跟自己说悄悄话的奇事。或如哈特曼所描述的："在接近彩色玻璃地图馆球的中心的时候，你会突然感觉到自己的声音的强烈回声……如果向左歪，你能从右耳听到自己的声音。如果向右歪，你能从左耳听到自己的声音。"

在托伊弗尔斯贝格，说悄悄话的时候头向上音效最好，原因是上面聚音的曲面更大。于是我仰着头，身处柏林一栋建筑楼顶以上五层楼高的玻璃纤维天线罩里，用双耳发现了一个令人兴奋的声学奇迹。这个效应显示了我们是怎样找到声音的来源的。哺乳动物有两只耳朵，这让他们能够感知声源的方位。听力通过进化让动物们能够感觉到危险，使他们能够察觉潜行而来、想要把他们当午餐的掠食者。人类有良好的视觉，但是我们的视力不能察觉背后的威胁，因此听出危险之所在的能力就很重要了。

我们感知声音来源的主要方式有几种。想象一下有人在你左边对你讲话。声音首先到达你的左耳，因为它到你的右耳的时间略微长一点。你的大脑也能够对声音的大小做出细致的区别。声音得拐过你的头才能到达你的右耳，这使得它的高频部分变弱（从远处传来的低频声音的音量受头的影响极小）。你的大脑比较每只耳朵听到的低频声音的时间和高频声音的相对音量，确定声音的来源方位。

球形房间会弄乱所有这些信号。音量信号可能被扭曲，使人无法估计发声的区域，让声音好像是从其他地方传过来的。哈特曼描述说："假设你在彩色玻璃地图馆的桥上，面向南美地图。你明明知道声源在右边，但却发现听到的声音来自左边！"球面强力聚焦声音，在左耳边制造了洪亮的回声，使得大脑误以为声源在左边。

人脑通常基于到达耳朵的第一个声音做出听声定位的判断（优先效应，the precedence effect）。这个粗略但是实用的方法对我们来说很好用，因为最早到达的声音抵达人耳的途径最短，通常就是说话人和收听者之间的直线。你也许参加过这样的教堂礼拜，你觉得听到的布道声音的来源不像是牧师，更像是扩音器。让人产生这种印象的原因就是扩音器的声音比牧师的声音更早到达收听者。要解决这个问题，可以在公共演讲系统中加上一点电子延迟效果，让到达人耳的第一个声音成为牧师的声音。

但是如果扩音器的声音太大，增加延迟是不够的，因为优先效应可能会被较晚到达的更大的声音所掩盖，这种情况在大部分摇滚乐音乐会中普遍存在。如果不使用电子扩音，墙壁的回声一般都很小，不会造成问题。但是在彩色玻璃地图馆或托伊弗尔斯贝格这样的地方，穹顶的焦点会大幅扩大较迟到达耳朵的声音，这个回声之强使得我们产生对声源的错觉。当我在托伊弗尔斯贝格弄破气球的时候，从天花板反射回来的第一波回声比气球发出的原声大 11 分贝（图 5.6）。（需要指出的是，增大 10 分贝的声音大小大约是原声的两倍。）我屈膝打开背包拉链的时候，我耳中听到的声音好像是有人在我头顶的地方打开包！

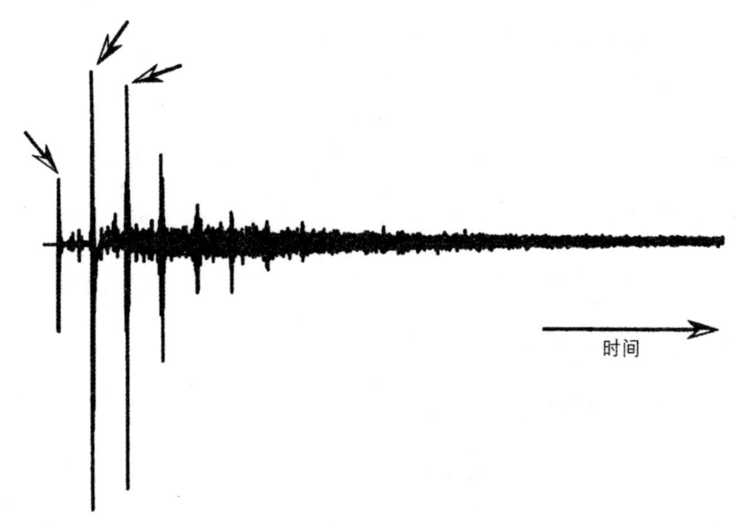

图 5.6　在托伊弗尔斯贝格天线罩中央刺破气球产生的直达声和回声

来自马萨诸塞州布鲁克赖恩市新英格兰艺术学院的巴里·马歇尔曾经在彩色玻璃地图馆做导游。他告诉我他如何利用声学效果对游客恶作剧，让他们大吃一惊。声音的焦点会误导游客，所以当他站得远远的对他们喊“在这儿”的时候，他们找不到声音发出的真正方向，会因此吓一跳。在托伊弗尔斯贝格，我就成功发现了其他游客的声音焦点，满足了自己的偷听欲望。

听到远处的轻语声和其他声音在耳边出现很容易让人惊慌失措，因为人们会感觉自己听到的是超自然的声音。如果我与你在普通房间里聊天，无论你面朝哪个方向，你双耳听到的我声音的低频部分的响度应该是大致相同的，原因是低频声波能够轻易地通过衍射绕开你的头部。正常情况下，只有在我与你贴近的时候，你一只耳朵中听到的我的低频声音才会比另一只耳朵中听到的声音大，这是因为我们的贴近动作使得你的头部的“声音阴影”最大化了。这个效应减少了进入较远的那只耳朵的低频声音，使你感觉我就在你的身旁。但是在彩色玻璃地图馆，球形房间使得声音在一只耳朵里高度集中，欺骗了你的大脑，让你认为我肯定在你的身边。我不仅能在数米之外向爱人轻声的倾诉衷肠，甚至还能自恋的对自己甜言蜜语！

悄悄话的目的当然是轻声说话，让人不会在无意中听到。很明显，国会大厦原有的穹顶可以让众议院的成员相互悄声的传递私人信息。但是这种扩音作用是双向的，议员们也可以无意中听到同事们的秘密。我们常自然而然的把曲面扩声效应与间谍、诡计或通奸联系起来。费里尼就利用了这种联系，增强他的电影《甜蜜的生活》（La Dolce Vita）的戏剧效果。在这部电影中，有人利用凹形的水盆窃听别墅楼下的谈话。但是最古怪的偷听传说发生在西西里岛锡拉库扎附近的一个大型石灰石洞穴。这个洞穴名叫狄俄尼索斯之耳。传说中暴君狄俄尼索斯（约公元前 430—前 367 年）将这个洞穴作为监狱，并利用声效偷听那些可怜的囚徒之间的悄悄话。

这个洞窟的形状像一只驴耳，又长又尖，在顶部骤然收窄。如图 5.7 所示，这种楔形对声音的作用好像一个漏斗，可能会收集地面附近的悄悄话，并将这些声音集中到 22 米高的洞顶处。在传说中，狄俄尼索斯在洞顶的监听小屋一边监控囚犯们，一边通过洞顶的一个隐藏的洞口听到放大的声音。

现在这个洞是一个著名的旅游景点，过去游客们还能去看那个监听小屋，一位游客在 1842 年记录道：“唯一……到达小屋的方式是绳子和滑轮，和承载着冒险者生命的一把小得可怜的椅子。”虽然景点向游客们重现了传说中的场景，但是一些报道对监听的可能性提出了质疑。1820 年，牧师托马斯·休斯写道："我只能听到难以辨别、含混不清的低声悄语，完整的声音被回声淹没、混淆。几个人同时说话的声音好像鹅的叫声一样无法让人理解。现在的西西里人总会在音乐会中聊天，所以即便古代的西西里人只有现在一半健谈，也够让听他们说话的暴君摸不着头脑的了。"

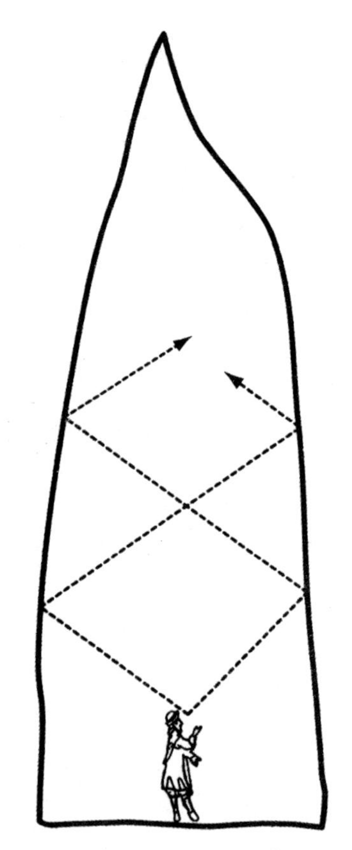

图 5.7　在狄俄尼索斯之耳中的声音

现在，出于健康和安全考虑，游客不能再进入洞顶的小屋，只能在地面欣赏回响，和观看洞窟巨大的耳状外形以满足对传说的好奇心。（另外一个与声音有关的、已经停止的旅游项目是打枪。另外一位 19 世纪游客记录道："有人用手枪打了一枪，爆炸声好像是一座发射 84 磅重炮弹的炮开炮了。"）

最近，那不勒斯第二大学的吉诺·扬纳切和共同研究者说服了洞窟的主人让他们进入监听小屋研究声效。在我的研究小组评价剧院、教室和车站的时候，扬纳切的小组进行了一系列的测量，评估洞顶上的人是否能听清洞窟内的说话声。结果处于"平均数值的不利方向"，即洞窟的回响让语音变得含混和难以理解。扬纳切仍不放弃，随后继续进行了一系列的感知测试，让收听者写下洞内人列举的短语，但是没有人能写对一个单词。结果令人失望，科学测量无法证明传说是真实的。

> 疼痛和悲哀让我一败涂地，我蜷缩在花岗岩墙壁旁。
>
> 我开始感到眩晕的再次来临，并且预感到这次恐怕是完全毁灭前自己的最后一次挣扎。然而这时，突然间，一阵激烈的喧嚣声传入我的耳中。这个声音好像是拉长了的雷鸣，我可以很清楚的分辨一连串圆润低沉的声音接连发生，并在遥远的深渊中沉寂。
>
> 我无意中把耳朵贴在墙壁上。忽然，我听到了一种声音的微弱回音。我好像听到了模糊的、不连贯的、远处传来的声音。我的身体因为激动和希望战栗！
>
> 大叫："这不可能！这不是真的！"
>
> 但是不是！我更加聚精会神的聆听，然后确定了，我真的听到了人说话的声音。

这是儒勒·凡尔纳的《地心游记》的主人公哈德威戈和哈里教授奇

迹般的通过花岗岩迷宫中的一堵回音壁重新取得联系的时刻。迷宫极为巨大，哈里计算出他听到的声音是哈德威戈在 8 公里之外发出来的。

除了儒勒·凡尔纳的想象以外，我所知的最大的陆上回音壁的长度是 140 米——与小说中的比起来简直就是个婴儿，而且也没有那么有意境。它是位于南澳大利亚巴罗莎水库的混凝土水坝。出于一些原因，水坝被建成精确的弧形，这座巨大的灰色混凝土厚墙出人意料的成为一个旅游景点，游客们可以在水坝两端互相聊天。

这堵墙不能像椭圆形的天花板和穹顶那样集中声音，收听者和说话人距离弧形的声音焦点都太远了。实际的情况是，声音贴近了混凝土墙后，以着惊人的音量被传输到大坝的另外一端。

回声拱门的情况与之相似，它们也在最让人意外的地方出现。在纽约市中央车站的较低一层，著名的牡蛎酒吧餐厅外，就有这样一座拱门，横掠过铺着地砖的拱道，支撑着天花板。这座门是由拉斐尔·古斯塔维诺和他的儿子在 1931 年设计的。如果你对着拱门的一侧轻声说话，声音会沿着铺了墙砖的天花板上行，然后从另外一面下来。为了达到最佳效果，悄语者和收听者需要非常靠近石壁，就像站在教室对角的两个顽童一样。

我不会因为这个场景马上想起求婚之类的事，不过这儿仍旧是很多人提出这个问题的热门地点，爵士乐手查尔斯·明格斯好像就是在这里求婚的。这里的声效也给了很多文学作品和电影灵感。作家凯瑟琳·马什就将这些回音拱门作为她的儿童书籍《夜间旅行者》（*The Night Tourist*）和《黄昏囚徒》（*Twilight Prisoner*）中故事的起点，并将这些拱门描述为“纽约最酷的地方之一”。

我找到了十几个有记载的回音拱门，其中只有极少数是因为声学特效而设计的。在圣路易斯火车站的拱门上有一块牌子，上面的第一句话是：“回音拱门，建筑设计的意外产品还是获知秘密的通道？”（这是个很有技巧的问题，因为可能两方面都是。）很明显，人们在 19 世纪 90 年代发现了这里的声音效应，在那个时候，如牌子上所说的：“有个工人在拱门的一边掉了把锤子，拱门另一边的油漆工距离掉落锤子的地点大约 40 英尺，却听到了锤子掉落的声音。”这个拱门是因几何而生的偶然。

无疑世上还有很多尚未被发现的回音拱门。门口精心设计的跨越式横梁可以引导声音从一边到达另外一边。声学家和玛雅金字塔专家戴维·卢布曼测量了一座位于宾夕法尼亚的西切斯特大学的拱门。拱门的弧面好像一条倒挂的弯曲水沟，可以传导从其中通过的声音。人们已经习惯了距离越远声音越小，在这里却发现，经拱门的纵切管状部分反射的悄语声的音量惊人的大。卢布曼怀疑这个扩音效果是设计师有意而为之的，因为这个纵切管部分除了传输声音外好像没有其他用途。但是它也可能是无心之作，是大门设计的一个副产品。可惜的是，大部分时间里这个传声特性被来往车辆的声音所掩盖。

我最喜欢的回音拱门是在爱尔兰奥法利郡（Co. Offaly）的克朗麦克诺伊斯（Clonmacnoise）古修道院。（没有声学奇迹收藏者能抵挡这个名字！）修道院装饰华丽的哥特式门建于 15 世纪，上面有圣弗朗西斯、帕特里克和多明我的雕像，开口朝向已经失去房顶的大教堂遗址。与纽约中央车站的牡蛎酒吧拱道一样，这里也是一个热门的求婚地点。传说中这个门洞一度有非常特殊的用处：麻风病患者站在一边，把他们的罪恶向横梁的管槽部分轻声道出（图 5.8）。牧师站在拱门的另外一边，保持足够距离以避免感染，听取从横梁传来的告解。我用了一个下午观察一车车的外国游客不顾风吹雨打在拱门下轻声说话取乐。这些回音拱门的原理同回音廊是一样的。

图 5.8 克朗麦克诺伊斯古修道院横梁可以传声的管槽部分

当我还是个十几岁的少年，在一次童子军旅行中参观了圣保罗大教堂的回音廊，那是我第一次对声学产生印象。大教堂的形状是一个十字架，穹顶凌驾于教堂的交叉构架之上。它是非常重要的伦敦地标，在第二次世界大战中的闪电战中，温斯顿·丘吉尔首相为了鼓舞士气，命令不惜代价保护这座建筑。

爬过 259 级台阶，游客们就可以从大教堂的地面到达穹顶的基座，看到环绕穹顶内部的只有几米宽的狭窄廊道。穹顶此处的直径是 33 米。在走廊的内侧有金属扶手，以防人们在抬头观看壮美的穹顶或者低头欣赏大教堂华丽的地面时失足跌落。我还记得在参观穹顶时大叫朋友们的名字所带来的欢乐。当时教堂中人来人往、喧闹嘈杂，但是我仍能够听到远处朋友们粗鲁的低语。

回音廊让很多著名的科学家着迷，例如皇家天文学家乔治·艾里，他因在行星科学和光学方面的研究而闻名。在 1871 年，他发表了回音廊的声音反射理论，但是这个理论只能解释像彩色玻璃地图馆这样的正球形房间中的声音效应。诺贝尔奖获得者、物理学家瑞利勋爵也对这里很感兴趣，他撰文指出："艾里的解释不适用"于圣保罗大教堂。为了证明自己的观点，瑞利用 3.6 米长的半圆形锌条制作了一个回音廊的等比例模型。他在模型一端利用鸟鸣笛发出叽喳声，声音沿着金属条内侧传播；抵达另外一端的声音非常强，强到可以使火焰跳动。但是只要在锌条墙内侧的任何地方放一个狭窄的障碍，火焰就不会受到干扰。这个结果显示声波是紧贴着弯曲的锌条内侧表面传播的。

声音会紧贴着并且沿着走廊的墙壁前进，这是一个有趣的科学发现，但是仅这点并不能解释回音廊的惊人声效。游客们经常听到奇怪的声音。C.V. 拉曼在 1922 年的一篇报道中写道："普通的谈话让周围的墙壁发出奇特的怪声和学舌回声。大笑后，好像有 20 个隐身在石膏像后的朋友响应你的笑声。在房间一边能听到另一边最轻的说话声，只要向着墙壁发声，最低声的谈话也能够很容易地穿过穹顶的巨大直径，另一边的人的回应好像是从墙里面发出来的。"

贴近墙面的声音比人们预期的要响亮得多，因此会给人们带来听觉上的幻觉。除此之外，悄语者和收听者都要靠近墙壁。当收听者的耳朵稍离开墙壁，声音就会突然变小。大脑利用声音的大小计算声源距离。一般情况下，只有在接近说话人的时候，悄悄话的声音才会比较大。此外，只有当声源在附近的时候，头部的些微移动才会使得声音迅速变小。因此大脑误读了耳朵离开墙壁后声音马上变小的现象，将石壁当做了声源。

拉曼因为在光散射方面的成就获得了诺贝尔奖，但他也在声学方面完成了大量的研究。在 12 世纪早期，他记录了印度的五个不同的回音廊的音效，其中包括位于比贾布尔的 17 世纪陵墓高尔戈巴兹陵墓。从外面看，气势恢弘的高尔戈巴兹陵墓从周围的平原上拔地而起，证明了阿迪尔・沙希王朝的实力。它的外形是一个巨型正方体，四角有修长的八角形塔楼，在离地 30 米的楼顶上有一个直径约 38 米的大穹顶。声学工程师阿尔扬・范德斯库特的描述是：“如果你在进入这个地方的时候被它的规模所震动，你一会就会忘记这种感觉，因为一旦开始发出声音，你会被它的声学现象所震慑。高尔戈巴兹陵墓的回响是如此惊人，以至于印度人会奔波几日，只为听到这里的声音。当到达这里时，他们会发现陵墓中有上百人用尽力气大吼着。”

孩子们为了听到自己的声音而反复大喊大叫，这里的气氛像拥挤的游泳池一样。由于范德斯库特要完成声学测量，所以获得了体验没有游人的陵墓这个难得的乐趣。他写道：“我们的申请用了两年才获得批准，我们得以清场几个小时。在我们工作的同时，大量游人停留在门口。在这惊人的回音廊中，在安静的情况下，你可以数出 10 次回音。”

虽然高尔戈巴兹陵墓给了游客很多欢乐，这座回音廊其实是设计者的无心之作。在建筑开始建造以后，设计师才决定在大厅上面加上穹顶。我只找到证据证明一座回音廊是有意建成的。根据 1924 年出版的《古往今来》（*Through the Ages*）杂志介绍：“位于密苏里州首府的回音廊由一位著名的声学专家精心设计和精确规划，无疑是有记录的首座成功建成的类似建筑。”

为了参加一次声学大会，我制作了一些动画，展示声波如何在回音廊传播。这段视频由高速计算机用最新计算程序制作，显示了声音如何通过贴近墙壁而被输送到各个地方。在准备讲话的空隙，我冲去图书馆借了本瑞利勋爵所写的《声学原理》（*The Theory of Sound*）。这本书被视为 19 世纪的声学圣经，需要指出的是，这是作者在埃及患风湿热时的病中之作。他对回音廊的原理的描述浅显直白，比我复杂的计算机模型要简单多了。

想象用球杆击打椭圆形球台上的台球，台球与台边几乎平行滚动。球的轨迹可以解释为当有人在墙边说话，声音在回音廊中传播的路线。而一个让人意外的效应突显出来：球会贴近台边，在球台边缘来回运动，但永远不会进入环形的中央。回音廊中声音也是如此，如图 5.9 所示。

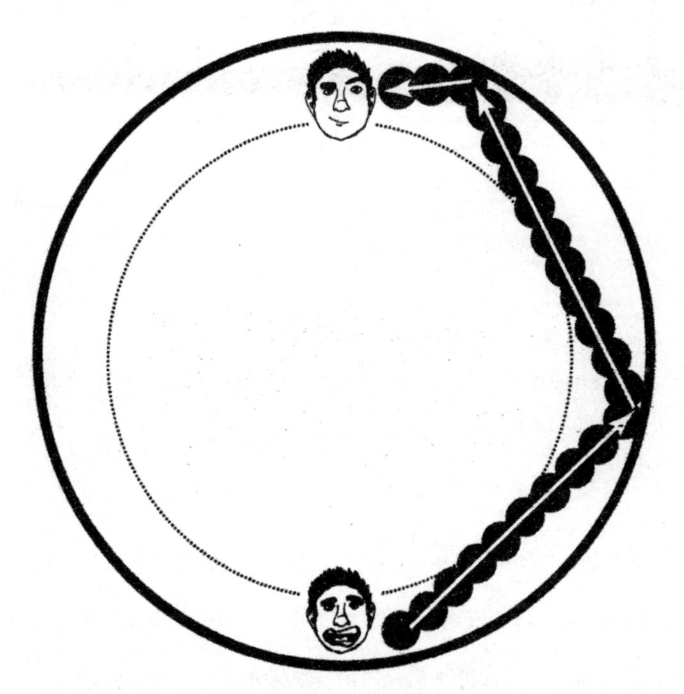

图 5.9　回音廊中的声音传播

在游览托伊弗尔斯贝格的监听站时，我向导游马丁展示了回音廊效应。他在此之前让其他人在房间中间听声效，而不知道语音是在边缘游走的。我到这里之后，趁雷达天线罩下没有其他人做了一个测量实验。我在穹顶下面的一边弄破了一只气球，把声音记录仪放在对面的墙边。在球爆破的瞬间，在沉寂前声音会在穹顶的边缘多次循环。经我计数，一次爆炸可以产生 8 次清晰的回声。图表（图 5.10）是记录之一，其中有 4—5 个峰值，即爆炸声经过扩音器 4—5 次。

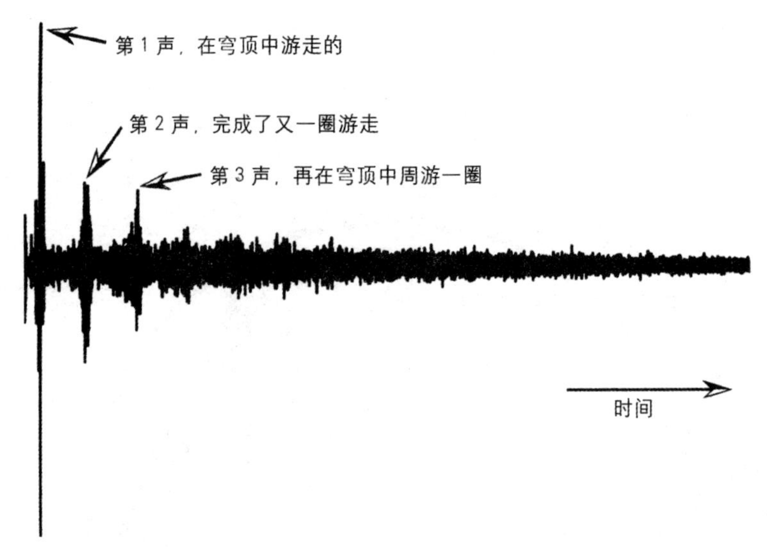

图 5.10　将托伊弗尔斯贝格雷达天线罩作为回音廊在其中刺破气球产生的声音

但是为什么在圣保罗大教堂轻声说话的回音效果好于普通讲话呢？我最近重返大教堂，记录了一些不公开的录音。访问回音廊的最好时间是清晨，那时候游人稀少，相对比较安静。如果能有一个发出轻语声的同伴最好，但是我当时只有一个人。幸运的是，这里的服务员很擅长发出我想要的那种轻语声。回到实验室后，我分析了这些录音，结果显示，轻语比普通说话回音效果更好的原因很可能是这样：从大教堂主楼层传来的背景噪声对普通讲话的频宽来说音量太大了。而服务员的轻语声频率较高，相对的背景噪声比较小，因此这样幽灵似的声音没有被背景中的嘈杂声音淹没。

我发现的大部分大型声学奇迹都是无意之作，但是如果我们有意为之，这样的建筑能反射出什么样的声音呢？我们是否能利用物理学，在偶然建成的声学奇迹中发现一些形状，并将其应用在创造新的听觉效应上？我们或许可以从 17 世纪研究耶稣会士的学者亚他那修 · 珂雪那儿得到一些启发。除了描写过臭名远扬的猫钢琴之外，他想象和描绘了很多幻想的新奇声学装置，例如说话的雕塑和可以让作曲机械化的作曲方舟。也许现在的发明家们可以想出这些草图的当代版本。

在世界各地寻找声学奇迹的过程中，我想出了几个自己的声学建筑。在调查托伊弗尔斯贝格球形雷达天线罩的声音扭曲时，我想起了我曾玩过的集市里的哈哈镜屋。屋中的弯曲的镜子让我变成了一个变形的小妖怪。另外一面镜子弯曲的方式不同，让我的映像身材走样，腿变得奇长，躯干几乎消失不见。我也许能利用复杂曲面设计一个回音廊？这样的设计应该是前所未有的，因为我发现的回音廊和回音墙都是单一的弧形、曲面或穹顶。

物理学家 C.V. 拉曼在他的回音廊论文中描述了位于印度班吉布尔的旧政府粮仓戈尔伽尔。这座建筑建于 1783 年，形似蜂巢，顶高 30 米，在顶上可以看到极美的景色。拉曼注意到粮仓内的声音，他写道：“作为回音廊来说，这个粮仓也许是世上绝无仅有的。在建筑内一头的最轻声的语音都可以在另外一头极为清晰地听到。”但是让我感兴趣的是这个建筑的外表照片。外墙上有一圈外置的、好像老式游乐场里面的滑梯一样的螺旋楼梯。如果外墙上的楼梯变成和缓的曲面，声音就可以沿着这个坡道螺旋上升。这就变成了一个回音“水滑梯”，与里面的回音廊相辅相成。

制作圣保罗大教堂动画的计算机程序让我能够设计异形的回音廊并测

试它们能否产生回音效应。现在声学工程的做法都是这样：在开始建造之前，利用计算机测试演员的声音能否被观众听到，或者火车站的公共广播系统的声音是否清晰。因此我将自己的工程学技能和科学知识转入计算机的头脑。只不过我的设计目的不是为了消除曲面造成的声学偏差，而是用同样的工具最大化听觉失真。

在西班牙毕尔巴鄂的古根海姆博物馆中，有几件理查德·塞拉的艺术作品，是巨大的钢制墙壁。这些墙壁能起到回音壁的作用。受此启发，我想出了一个设计。我本来想让轻语声贴近哈哈镜一样的 S 形曲面，但是很可惜，声音不能贴近其中的凸面部分。然而如果这个 S 形由两个弧形构成，这个问题就解决了（图 5.11）。这种排列让声音沿第一个曲面行走，越过两个弧形之间的缝隙，之后继续沿第二个曲面前进。在另外一端的收听者会发现传来的声音音量惊人的大。

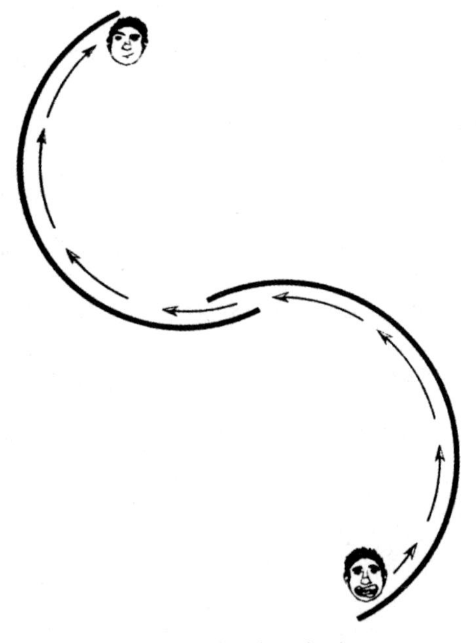

图 5.11　新型回音壁。

这些地方的有趣之处在于音量很小的说话声竟然能传出很远。瑞利勋爵经过数学分析，提出轻语声回音的另外一个成因是高频。例如轻语中呲音，与普通讲话发出的频率比较低的声音相比，这种声音更能够贴近墙壁。圣保罗大教堂的长廊尤其容易传播声音，声学家将这种特性归因于墙壁的轻微倾斜。由于墙壁顶部略向内斜，较少声音能够向上传播到穹顶，声音的损失也因此减少了。

我现在知道为什么下水道能让我说话的声音螺旋传播了。虽然瑞利勋爵的分析显示，在回音廊中的贴墙效应在大型环状建筑中更明显，这个理论也说明同样的循环效应在较小地点，甚至是几米宽的管道中也会出现。当我将头靠近下水道的顶部的同时，我的讲话声在管道中消失，声音如同在回音廊中一样贴近曲面管壁循环。我在下水道中没有幻听，我的声音真的是在旋转。

第六章　歌唱的沙子

在去圣保罗大教堂一年后，我去了加利福尼亚莫哈维沙漠中的凯尔索沙丘（图 6.1）旅行。与我同行的是录音师戴安娜·霍普，我们希望能够听到沙丘的歌唱之声。根据记载，世界上有约 40 个有响沙的地方，凯尔索是其中之一。英国自然学家查尔斯·达尔文就详细描述了智利的“埃尔·勃拉马多尔”（El Bramador）山的故事，当地人叫它“咆哮者”或“怒号者”。中文古籍中有在鸣沙山举行的庆典的描述：“端午习俗，男男女女……乘坐滑车……冲下，沙丘轰鸣如响雷。”

沙子雪崩般的大量滑落才能使沙丘歌唱。沙丘的坡必须陡峭，而且沙子必须干燥。但是干沙的特性就是松散，这就导致我在凯尔索走得跌跌撞撞，因为脚在沙子表面很难找到着力点。我此前已经做好应付沙漠夏季极端气温的准备，却没想到单是走到音乐沙丘就是一次有氧锻炼。在艰难地往沙丘上爬的时候，我既想大口喘气，又不得不放缓呼吸以防影响录音。

图 6.1　凯尔索沙丘

在沙丘陡坡蹒跚攀爬的过程中，我的脚铲动沙子，发出打嗝般的声音。这让我想起了马可·波罗描述响沙的开头部分。他写道，沙丘“有时候发出响亮的各种乐器的声音，以及鼓声和手臂拍击的声音”。我制造出来的声音不像鼓声那么大，不过也挺好听的。我每一次艰难的抬步都引发汽车鸣笛般的声音，好像演奏得很糟糕的大号。快到沙丘顶的时候，我累得只能四肢着地往上爬，制造出了具有喜剧效果的铜管乐四重奏。

虽然这样打嗝般的声音很有趣，但是我却有些沮丧，因为沙丘发出的声音不够大。我来这里想要听到的是持续不断的、能达到 110 分贝的轰鸣声，音量应该与摇滚乐队的演奏相仿，能够在一英里外就能听到。时间到了上午，由于大风干扰录音，高温也变得让人无法忍受，我们从沙丘撤下，打算第二天再去。

回到营地后，我又听了一次与剑桥大学的纳瑟莉·福瑞恩德的电话访谈，她获得博士学位的研究课题就是响沙。我想听下其中有没有关于在沙丘录音最佳地点的线索。但是令我忧心的是，在谈话中，纳瑟莉提到她的一个朋友最近来过凯尔索几次，但是都失望而归。我还重看了几篇重要的科学论文，希望通过加深对沙丘物理特质的了解，增加在第二天听到理想的沙丘发声的可能性。虽然科学家们都认为在鸣沙现象中，沙子是重要的因素，但是对于沙丘发出轰鸣声的成因尚未达成一致。沙丘的深层沙子是否像巨大的乐器那样振动？还是沙粒同时发生了崩塌？

对我来说，最理想的轰鸣声是大片沙丘中成千上万颗沙粒像唱诗班演唱一样，同时发出声音。瀑布也是这样发声，不同的是，在这个大型交响乐团中，乐器演奏家是微小的泡沫。我听到过的最响的瀑布是在冰岛的菲约德勒姆（Jökulsá á Fjöllum）冰河，这条河同时也是欧洲最有威力的河流。很多年前的一个早上，气温很低，天气不佳，为了看瀑布，我和妻子骑行在通往那里的小径上。路面崎岖不平、坑坑洼洼。我们顶风而行，从北极吹来的北风冰冷刺骨，风力之大让我们不得不几次中途停车。

我们的旅途颇为曲折，首先要穿过刮着大风的荒原，之后要走过冰水沉积平原，那是一片由冰水沉积物和黑色火山泥灰覆盖的不毛之地。到达瀑布所在悬崖后，我们把自行车放在旁边，极为小心地走到崖边往下看。这个瀑布宽 100 多米，高 44 米。由于站得离峭壁非常近，我突然感到一阵恐惧袭来，让我浑身僵硬。脚下的河水以每秒 180 立方米的速度轰然撞击着崖壁，一旦失足跌落，必死无疑。由于瀑布不断发出雷鸣般的巨响，我们必须高声喊叫才能交谈。这种声音仿佛覆盖了所有频率，从低沉的铜管乐器声到高音调的嘶嘶声。瀑布发出的声音压倒一切，仿佛将人隔离了起来。这好像中央情报局在审讯中使用的某种方法，它因让人丧失感官而备受争议。

水也许是一种简单的物质，但是它可以发出各种各样的声音，从小溪的潺潺声到波浪的拍击声，从暴雨的刷刷声到水滴的叮咚声。美 国自然学家约翰·缪尔在描述约塞米蒂瀑布的时候写道，瀑布的水："好像从山的心脏中没有规律的喷射出来，那颗巨大的心脏不停搏动……在瀑布脚下……各种嘶嘶声、拍击声、翻腾声和向上的回旋声 混成一片……这处宏伟瀑布的声音是山谷中所有瀑布中最洪亮，也是 最有威力的。它的声调多变，有时候像风刮过小橡树的阔叶时所发出 的高音调的嘶嘶声和沙沙声，以及扫过松树时发出的轻柔的筛动声和 渐归沉寂声，有时候仿佛暴风雷电在高峰山顶的绝壁间席卷而过时发出的低沉冲击声和轰鸣声。"

类似拍击的波浪这样下落的水流，它们如何在水下发声？几十年以来，科学家们一直对此很感兴趣，原因是这种声音妨碍了潜水艇中的人员察觉敌人动静。但是我想知道的是水面上发生了什么，幸运的是，科学家们已经将注意力转移到了这个问题上。

劳伦特·加尔布兰来自位于爱丁堡的赫瑞瓦特大学，他的研究课题是如何使喷泉或者水景观节能，让它们在泵出最小水量的同时，具有最引人注意的声音效果。类似的工作还有布拉德福德大学的格雷格·沃茨和他的同事的项目，他们通过调查水落在不同岩石上和不同水池中的声音，寻找能够隐藏交通噪声的最佳声音。在录下各种不同的水景观的声音后，他们请一组听众来判断哪个是最好听的声音。实验须在声学实验室进行，因为这种房间不会传导容易导致听众误判的室外水景观的声音。实验场景是一个花园阳台，由竹制屏风遮挡，里面有几盆植物和花园家具，这些可以让被试听众在心中形成适宜的场景画面。

在被试者为各个声音打分后，沃茨得到的结论是，最不受欢迎的声音是咕隆声，它让人想起水流进下水道或者排水沟的声音。最让人喜爱的声音是泼溅声，与自然环境中的水掉落在嵌有小鹅卵石的不平坦表面发出的声音相似。在相似的测试中，加尔布兰发现，在所有测试过的水声中，缓缓流淌的天然溪流发出的柔和的潺潺声是最能令人放松的。

起先，瀑布声的来源让我吃了一惊。一个电视摄制组在我所在大学的无回声室拍下了水滴发声的经过。高速摄像机捕捉到了一滴水掉入一缸水的瞬间。拍摄的视角是俯拍，从慢速录像来看，这个过程非常漂亮。掉落的水滴在水面激起一条窄窄的水柱，并引出一串涟漪。但是要想了解声音的来源，必须从侧面拍摄水面到水下的部分。虽然涟漪看起来让人印象深刻，但是大部分的声音其实是由一个极小的气泡发出的。在水滴的底部在穿透水面时，产生了一个凸出的弯月面，由于它的存在，一个微小的气泡突然破裂了。这个气泡直径只有几微米，因此很容易被忽略，并且也很难拍到。虽然这个气泡很小，但是经过震颤和共振，里面的气体产生的叮咚声大到可以穿透水，到达空气中。

水滴在石块上的声音听起来同滴入水中的声音迥异，原因就是没有在水下产生气泡（除非岩石上有积水）。同之前的实验一样，我们很容易就能想象出水滴在石块上撞碎并四处飞溅的过程。坠落的水滴变成裹在石头上的薄水层，在这个过程中，周围的空气受到干扰，于是产生了声音。

在电视摄制组拍下气泡的几个月后，我从艺术家李·帕特森那儿学到了更多的水产生声音的知识。我们相约在英格兰湖区见面，在那儿，李向我描述了他是如何在英格兰北部的池塘和河道发现那些如热带雨林般纷繁多样的水下之声的。我们还聊起他的音乐制作计划，他打算用在湖区录制的声音编曲。其中一曲名为“大笑的水猛冲而过”（The Laughing Water

Dashes Through），其灵感来自于几年前发生在科克茅斯集镇的洪灾。李说这个作品探索了“不同形式的能量化身为水流的现象，以及水流的副产品——声音”。

那天他录音的地方是一个被水淹没的封闭的小采石场。艳阳高照，小鸟欢歌，如果不考虑我们背后的那间难看的水泥平房，那儿可以说是个很有田园诗意的地方。李使用的是简单的自制水下测音器，由闪亮的压电材料薄片构成。这些薄片紧压在颜色鲜亮的汽水瓶盖上，在水下，声波会使薄片变形，薄片随之产生电。李把他的设备投入水中，打开扩音器，之后把耳机递给我。

我听到的声音像是一阵阵恶狠狠的咀嚼声，仿佛是有动物在我的耳鼓边小口地啃咬。这种声音的来源是蝌蚪，它们在水下测音器所用的瓶盖上刮擦，徒劳地寻找藻类。这些蝌蚪常在制造氧气的水草边活动。在小心的改变水下测音器位置以后，我听到了奇特的仿佛机械发出的唧唧声，又像炸培根片的声音。这是由水草中的小气泡集体快速上升而产生的。这种气泡上浮的景象看起来好像香槟酒的气泡在酒杯中升起。这些气泡流应该是由植物的光合作用产生的。

几天后，我见到了南安普顿大学的海伦·切尔斯基。她研究的是气泡产生时的发声机制。她的研究表明，由小喷嘴制造的气泡在从喷嘴口产生时为泪滴状，但是在进入水中时变为球形。这种形状的变化使得气泡振动，气泡中的气体由此产生共振并发声。但是海伦不认为水草中的气泡是这种情况。因为光合作用产生的天然气泡形成的过程更加缓慢，因此很可能在开始移动时没有这种有力的跃动。她认为我听到的更有可能是气泡相互碰撞或者撞击水下测音器的声音。

冰岛戴提瀑布的声音可以通过按比例放大单个游动气泡的效应来解释。将这挂白色的瀑布看做无数个气泡，每个气泡的大小不同，发出的叮咚声的频率也就各不一样。在瀑布中，数百万计的各种各样的叮咚声汇在一起，形成了弘大的气泡交响曲，既有嘶嘶声，又有隆隆声。

每挂瀑布都有各自的声音。如果其中有很多大气泡，它的隆隆声会更加低沉。小气泡产生的嘶嘶声更多，比如缪尔描述中的约塞米蒂瀑布。瀑布附近的岩石能够进一步改变它的声音。冰岛南部的斯瓦蒂佛斯瀑布只有大约 20 米高。瀑布的水从马蹄铁状的悬崖坠落，悬崖由很多根六边形的玄武岩柱构成。斯瓦蒂佛斯意为“黑色瀑布”，来源便是这岩石的颜色。在我去看瀑布的那天，阴云密布、细雨霏霏，更加突显了岩石的黑色。即便是这种天气，我仍感觉不虚此行，因为周围的岩石不仅发出让人惊叹的节日欢庆之声，还能增强水的拍打和嘶嘶声。

冰岛的另外一个令人印象深刻的瀑布是塞里雅兰瀑布。你可以走到瀑布水帘之后，感受被瀑布声包围的感觉。形成这种音效的原因，是瀑布后面的悬崖反射了流水撞击瀑下水潭的嘶嘶声。由于水流不连续，因此产生的声音是噗嘶声。你可以闭上眼睛，想象那是一列小货运火车在你的头顶上方隆隆驶过。

虽然瀑布常见，但是潮涌（tidal bore）的声音就少见多了。潮涌是通过河口向陆地方向涌入的单波浪潮。巴西里奥·阿拉瓜里的潮涌被本地人称为波落落卡（pororoca），意为“巨大的声响”。距离我家较近的潮涌是格洛斯特附近的塞文河潮。在 9 月小阳春一个有雾的清晨，天气预报员预测，由于秋分到来，在一波大潮汐过后马上会出现一个四星级的浪涌。我在河岸闲逛的时候看到几个冲浪者，他们在河中间稳稳的操控着冲浪板捕捉波浪。我暗暗想道，那儿可真是个观潮的好地方。开始，我站在离水边很近的地方，但是随即意识到身边的淤泥都是前一晚的潮汐遗留下来的，因此后退到了河岸更高处。你必须要小心面对潮汐的力量，1993 年 10 月 3 日在中国有 86 个人被卷入了大潮中。

之后我等了又等，终于，在预计的时间 20 分钟后，河的下游传来一阵轰隆声。潮涌进入人们的视线，拍击对岸，形成了横跨河面的绵延碎浪。它看起来像大海浪，但是与海浪发出的接连不断、抚慰人心和有节奏的拍岸声不同，潮涌的声音是不间断的碎浪声。

塞文河口潮涌是全世界潮差第二高的潮水，仅次于新斯科舍（Nova Scotia）的芬迪湾（Bay of Fundy）潮涌，春潮的潮差可达 14 米。从塞文河的地图中可以看出它蜿蜒的漏斗形状。但从地图中看不到的是，这条河的深度沿陆地方向大幅变浅。大潮发生时，潮水涌入塞文河的入海口，进入狭窄的、不断变浅的河道，大量的水只能向上游涌动，于是就产生了滚滚浪潮。

第一波浪是大潮的明星，但是如果你太早离开，你会错失随潮涌而来的次波发出的“小兽之声”。在潮涌主浪过后 30 分钟，次波的潮水汹涌而至，力量十足的推动着几棵被冲倒在水中的树木和其他残骸。伴随着前进的滚滚洪流而产生的汩汩声和隆隆声，以及波浪四处拍打发出撞击声，听起来好像是拍岸浪涛和城市下水道中湍流的混音。

从潮涌高度来说，塞文河排名第五，如巴西波落落卡的这些更高的潮涌能发出更加激动人心的声音。中国元代诗人仇远这样描述钱塘江大潮：“万马突围天鼓碎，六鳌翻背雪山倾。”1888 年，英国皇家海军司令 W. 厄斯本·穆尔用比较平实的语言描述了钱塘江大潮：“在宁静的晚上，可以十分清晰地在 14 或 15 英里之外听到潮水的声音，而潮头要在 1 小时 20 分钟后才会到达。潮声增加的幅度是渐进的，直到潮水经过河岸的观潮人。潮水之声与在尼亚加拉瀑布之下听到的急流之声相比毫不逊色。”

休伯特·尚松的研究课题是诺曼底圣米歇尔山附近潮涌的声学现象。主波的隆隆声是由潮涌卷浪中的泡沫发出的，更高频的声音是由波浪拍击岩石和桥墩而产生的。潮涌声中 74—131Hz 之间的低频声音居多，相当于钢琴的低 8 度音。

如果哪位作家需要描述潮涌的形容词，可以查阅浪漫主义诗人罗伯特·骚塞的作品《罗多雷大瀑布》（*The Cataract of Lodore*）。这首诗写于 19 世纪早期，用象声词描绘了位于湖区的罗多雷瀑布。诗的长度有 100 多行，恐怕穷尽了词典里跟流水相关的说明词。诗中写道：“且飕飕且嘶嘶……且呻吟且叹息……且隆隆如雷且滚滚挣动。”但是水声不仅仅来自瀑布和罕见的潮涌，从潺潺溪水发出的安宁和细微的流水声中，我们也能得到巨大的愉悦。让人惊叹的是，无论是轰鸣的潮涌还是懒洋洋的蜿蜒溪水，其中气泡发出的振动频率正处在我们听力的最佳的区域。这个物理学现象很好地解释了骚塞的浪漫主义诗歌的成因，但这也许不仅是巧合。可能我们的听力特别为了分辨流水产生的振动频率而进化。若非如此，假如我们的听力范围与现有的不同，我们就听不到水声，而水对我们的生存来说极为重要。

水滴落入水中产生的叮咚声的频率可以由其形成的气泡的半径计算得出。对于冰冻的水来说，水泡的大小和振动频率之间也是有数学关系的。在访问冰岛期间，我和妻子去了南海岸。那里是布雷帕默库尔加拉冰川崩解形成冰山并漂入杰古沙龙泻湖的地方。这些随机形成、形状各异的巨大冰块蓝得不像真的。它们或者崩裂漂离入海，或者在黑色火山灰覆盖的海岸上搁浅。游客们在这里短暂停留，拍照留念或乘船靠近冰山，之后继续他们的环岛之旅。我们决定在泻湖旁扎营。到了夜间，没有了车船声的干扰，我们听到了宛如小夜曲般的叮铃声。沿岸的小冰块在层层海浪中轻柔地碰撞，叮当作响，奏出仿佛雪橇铃铛响声般有韵律的乐曲。

声音的频率取决于冰柱的大小，挪威鼓手和作曲家泰耶·伊松赛特用他的冰木琴演示了这种关系。在冰岛之行的很多年以后，我在曼彻斯特的英国皇家北方音乐学院观看了伊松赛特的表演，他描述自己的乐器为“唯一一种演奏完毕还可以饮用的乐器”。伊松赛特是典型的挪威海盗形象，身材高大，头发蓬乱，表演的时候还穿着连帽皮大衣。他演奏的声音回音袅袅，充满艺术氛围，让我想起了挪威之旅。

音乐厅就像斯堪的纳维亚的夏天般凉爽。即便如此，冰木琴的寿命仍旧有限。音乐家的助理身穿厚厚的冬衣，戴着手套，拿出冰小号或冰木琴的琴锤。演出结束后，助理马上裹好乐器，迅速将它们放到冷柜里。

冰小号的喇叭口外扩得很大，吹口做了处理，防止泰耶的嘴唇粘在上面。乐器发出的声音很原始，好像猎号声，让我想起一次在马德里听到的吹响海螺壳的声音。如我在第四章中所说，从声学角度来看，只要制造管乐器的材料是硬质的，无论是什么都不是很重要。贝壳、角和冰看起来大不相同，但是仅从声波在乐器内部传播来说，它们都是一样的不透音材料。最能产生不同的是喇叭口的外扩程度和音乐家的吹奏方式。科学测量显示，海螺壳像法国号一样逐渐外扩，因此可以产生特别的音质，并且能增强和传播声音。我猜冰小号的工作原理是一样的。

冰木琴由五根冰条和放置它们的冰槽构成，冰条的长度决定它们的音高。冰条来自挪威的一个冰冻的湖泊，人们先用电锯切割大块的冰，之后由专业人士雕刻成条，最后长途运输到英国。与小号不同，冰木琴的材料极为重要，因为冰极易振动。冰条的震颤引起周围的空气分子振动，产生声波，并穿过空气传至听众耳中。同时，冰槽中的空气产生共振，加强了振动，使声音更洪亮。

泰耶使用的不是任意的旧有冰块。他必须找到具有合适的微观结构的冰。正如他所说："100 块冰会发出 100 种声音，其中也许只有三个声音是动听的。"冰条的微观结构取决于水在冻结时其中的杂质含量以及当时的环境，特别是决定冰凝结速度的环境温度。缓慢的凝结过程是最好的，因为它能够在冰中形成裂隙较少的、规则的结晶，这样形成的冰能发出叮铃声，而不是让人失望的砰砰声。

冰木琴的声音听起来与其他木琴很像，但是我能够很快听出琴键不是木质或金属质地的。冰琴键发出的叮当声好像是软木槌敲击空酒瓶的声音。这种纯净、清脆的声音与冰这种材料极为相配。不过"纯净"和"清脆"这两个形容词也许正好反映了视觉对我们的听觉判断产生的影响。除了清脆以外，我们还能用什么形容词描述晶莹剔透的琴键发出的声音呢？

科学家发现，我们只能正确区分具有迥异物理特性的材料的声音，比如木头和金属。收听者依靠响声振动的长度做出判断，有纹理的木头的内部摩擦力大于金属，因此木头更早停止振动。这也就是为什么蔷薇木木琴发出梆梆声，而金属钟琴发出叮铃声。

工人在切割冰块准备制琴时听到的声音是爆裂、轰隆和尖锐的噪声，与冰木琴的叮咚声大相径庭。如果周围安静的话，日出时在冰湖边，你可以听到冰块移动发出的嘎吱声；而到了日落后，又可以听到冰块因为冰冻而发出的噼啪声。这些声音是生动的地质之音，它塑造了我们的星球的伟力的声响。科学家正试图利用水下测音器测量这些地震活动的声音，估计北极的冰层厚度。

为了了解更多有关冰的天然声音——那些劈啪声、嘶嘶声、砰砰声和咔嘣声——我在曼彻斯特一个喧闹的咖啡馆见了艺术家彼得·丘萨克。彼得是声音学会的成员，说话轻柔，对所听到的声音描述极为精确。他向我讲述了他用 10 天时间在西伯利亚贝加尔湖记录声音的历程。贝加尔湖被称为“西伯利亚明珠”，蓄水量是世界地表淡水总量的 20%，比北美五大湖的总蓄水量还多。春天，湖面的厚冰开始渐渐融化，开始碎裂成较小块的浮冰。冰层边缘脱落的薄薄的、冰锥状的小块在四周的水面上漂浮，在风和浪的推动下游动。成百上千万这样的小冰块相互碰撞，发出声音，彼得的描述是“闪闪发光，叮铃声、嘶嘶声响成一片”。

在世界另一端的南极罗斯海，录音师克里斯·沃森通过将水下测音器放在水下或塞入冰川中，在冰川冰转化为海水的过程中捕捉到了相似的声音。罗斯海是南大洋中的一个深海湾，早期的南极探险家如斯科特、谢克尔顿和亚孟森都曾将这里作为基地。克里斯说，那些巨大的、有些甚至有一座房子那么大冰块从冰川崩解，落入封冻的海中。冰块崩解的声音既像爆炸，又像手枪发出的砰砰撞击声。冰块之间还相互刮擦，产生“一种特殊的嘎吱声……听起来好像 20 世纪 50 年代或 60 年代早期的电子乐”。在陆地上，冰大部分时间都默默无声，看起来一动不动，但是克里斯的水下测音器显示，在表面之下它多么富于变化。在冰—水转化过程中的后期，“冰沙”状的冰块发出摩擦和挤压声。克里斯说：“这是我听到过的最有力量的声音，因为你知道是什么发出了这些声音。”南大洋正从几十公里之外发力，移动这巨型冰块，导致它破裂。

走在结满厚冰的湖面上，冰因为调整形状而发出隆隆的回响，在冰中弹跳着传播。往薄一些的冰面上扔石头，会发出奇异的短而尖的声音。那是一个冬日，在听到冰乐器演奏的不久后，我在威尔士北部的兰德格纳（Llandegla）森林山地骑行，路过一个冰封的水库，冰面厚度大约 5 厘米。我向冰面投石打水漂时，产生了反复的仿佛拨弦声的声音，又像科幻电影里激光枪的声音。这种声音之所以听起来特别奇异，是因为每个拨弦声的尾音的音高都是下降的，而这种迅速下降的声音在日常生活中很少见。

每次石头敲击冰面，形成一个在冰中传播的短暂振动，随后传入空气中，形成拨弦声。在空气中，不同频率的声波传播的速度相同，因此它们到达人耳的时间是一样的。但是在冰中则不同，高频的声音传播得快，因此最早被听到，随后是低频的声音，也就是我们听到的音高迅速下降的部分。声音在长金属线中也有同样的效果。电影《星球大战》系列的音效设计师本・伯特在制作音效时，就以锤子敲击天线塔的高压线时发出的声音作为蓝本。

据瑞典声学家和滑冰运动员冈纳・伦德马克（Gunnar Lundmark）说，冰发出的嘁嘁嚓嚓声可以用于检测湖面冰层的厚度和安全性。滑冰者在冰面移动的时候，在冰中造成微小的振动，并发出声音。这种声音的主要频率取决于封冻层的厚度。滑冰者听不到自己滑冰时所产生的音调，因为声音是向外传播的，但是你可以让朋友在 20 米左右以外的地方听。伦德马克做了一系列的测试，检测这种声音，他描述说："我的助手就是我的小儿子，他的体重轻……用一把斧子敲打冰面，同时我……用麦克风和迷你光盘在一个安全的地方记录下声音。" 他的结论是，如果音调为 440Hz

（即为交响乐团调音用的国际标准音 A），那么大部分情况下冰面是安全的。但是如果音调的频率比这稍高，比如 660Hz（或说小字二组的 E 音，音高向上移四个钢琴白键），那么冰层的厚度大约只有 5 厘米，就比较危险了。然而，要利用冰发出的声音判断薄厚，滑冰者必须能够识别声音的频率或者相应的音调，这对他的音准要求很高。五音不全的滑冰者就只能用其他方法探查冰层的厚度了。

对于冰来说，冰块的大小和其产生的振动频率是密切关联的。水中的气泡也是如此。那么对歌唱的沙丘来说，沙粒大小和振动频率之间是否有相似的数学关联呢？这样的关联应该存在，因为大部分的发声物体都有这样的关系：比如小提琴就比低音提琴个头小。但是发声沙丘的沙粒大小对振动频率是否重要，对此问题人们争执不下，迄今还没有定论。不过，最近巴黎第七大学的西蒙·达古瓦—博伊和他的同事们所做的实验也许提供了决定性的科学证据，证明沙粒的大小决定沙丘的振动频率。达古瓦—博伊从阿曼阿什喀拉附近的沙丘取沙，他的实验显示当筛取某大小的沙粒后，沙丘发出的隆隆声改变了。在筛选前，沙粒大小在 150 ～ 310 微米之间，产生的嗡嗡声的振动频率大约在 90 ～ 150Hz 之间。在沙子尺寸被筛减到 200 ～ 250 微米之间时，人们听到的是清晰的单音调，90Hz。

20 世纪早期的探险家艾米·齐菲利曾骑马从阿根廷到华盛顿特区，行程 16000 公里。有一次他睡在秘鲁海岸的一座沙丘上，一则报道写道，“当地人”对他说：“沙山……闹鬼，每天晚上都有‘詹提乐部落’的印第安亡灵在那儿敲鼓跳舞。实际上，他们告诉他的令人心惊胆寒的故事之多，让他觉得自己能活过那一夜简直是吉星高照。” 这并不让人惊讶，无法解释的天然声响，必然会催生大量相关的民间故事。坎贝尔·格兰特写了很多关于北美岩石艺术的文章，他注意到雷鸟的图画反复出现，他的解释是："当时人们相信雷暴是由一种巨大的鸟引发的，它能挥翅成雷，眨眼生电。"

雷声有两个明显的音效阶段：先是哗啦声，然后是隆隆声。旧式的雷声音效来源于 1931 年的电影《弗兰肯斯坦》（Frankenstein），它完美地包含了这两个阶段。这种声音极为吓人，海绵宝宝、史酷比和查理·布朗都是被吓到的卡通人物中的一员。很多年以来，这个音效被广泛应用，只要你看到一座在暴风雨中的鬼屋，肯定就会听到这种雷声。但其实与我记忆中印象最深的雷暴声相比，这个音效完全没有威力。我记得，那个惊雷的炸响让我吓得从床上跳下来，以为自己的房子被雷击中了。好莱坞音效师蒂姆·格德梅对我解释说，如果他想要为电影重现巨型霹雳——那种撕裂天空、照亮大地，让你心惊胆寒的巨雷的音效，仅仅用天然雷声的录音是不够的。音效师会用真实的雷暴录音作为基础，之后加入其他声音，以达到"震慑人心"的效果。

我小的时候就学会了通过计算看到闪电和听到雷声间隔的时间，估计雷雨的距离。这种计算方式利用的现象是声音比光传播速度慢。因为声音的传播速度是 340 米每秒，如果闪电和雷鸣之间的间隔为 3 秒的话，那么雷雨大约在 1 公里之外的地方。因此我从来没有怀疑过，是闪电造成了雷鸣，但是让人惊讶的是，在 19 世纪之前，这两者之间的关系都还未被确定。希腊哲学家亚里士多德是将科学方法应用于自然现象的先锋，他认为雷是由云中的可燃性气体注入空气而产生的。美国国父之一本杰明·富兰克林、罗马哲学家卢克莱修和法国现代哲学之父勒内·笛卡儿都认为雷的隆隆声来自于云之间的摩擦。人们不能证明雷声由闪电产生的原因之一，是因为当时没有研究这个现象的条件。因为无法预测闪电何时何地发生，人们往往在发生闪电很远的地方进行科学测量。

在雷击点附近的雷的炸裂声是自然界最响亮的声音之一。随后产生的隆隆声的峰值一般与贝斯的频率相仿，在大约 100Hz，持续时间为几十秒。闪电的电流产生一条炽热的电离气体通道，温度超过 30000℃。这样的高温造成巨大压力，是正常大气压的 10 ～ 1000 倍，于是冲击波和雷声产生了。

闪电通往地面的路径是锯齿状、曲折不平的。如果它是直线型的，那么雷会有噼啪声但不会隆隆响。在闪电弯曲的路径上，每 3 米左右就有一个扭结，每一个扭结都会发出声音。所有扭结发出的声音汇在一起，就形成了典型的雷声。隆隆声持续的时间很长，那是因为闪电的路径有数英里长，而且声音从各个分散的扭结传入人耳中也需要时间。

闪电产生的冲击波也许还是世界各地的神秘隆隆声的来源。这些声音有各种各样的名字：在纽约州卡茨基尔山脉塞尼卡湖附近的叫做塞尼卡枪声；在比利时沿岸的叫作米斯特普佛（mistpouffers），意为“烟雾的打嗝声”；在意大利亚平宁山脉的叫作布朗提第（brontidi），意为“像雷一样”。

2012 年初，威斯康星州小镇克林顿维尔的居民半夜惊醒，发现他们的房子在晃动，同时还听到了远方有雷鸣声。目击者约琳对《波士顿环球报》的记者说：“我丈夫认为这很酷，但我可不这么认为。这不是开玩笑的……我不知道这是怎么回事，但是我只想让它停下来。”地震监测证实，这些声音是由小型地震群导致的。1938 年，查尔斯·戴维森采访了与这次地震相似的中等强度地震的亲历者，他们对地震声音的描述五花八门，有的说像远处的大炮的隆隆声或开炮声，有的说像大量石头滚落的声音，有的说像海浪重重拍打海岸的声音，有的说像远方传来的沉闷的鼓声，有的说像铺天盖地的鹧鸪飞过的声音。

与目击 UFO 事件一样，很多隆隆声都可以用非超自然的原因来解释。2012 年 4 月，在英格兰中部的惊人巨响是由两架台风喷气式战斗机制造的。一架直升飞机的驾驶员误发了飞机被劫持的信号，台风战机为了迅速拦截直升机，不得不突破音障。当飞机低速在空气中飞行时，声波起伏振动，以音速在飞机前部和后部分散。这种声波的起伏与缓慢行驶的船舶制造的水波一样，船头和船尾的波动都很轻缓。当飞机加速到音速，即每小时 1200 公里或更快，音波的速度就太慢了，成为飞机前进的阻碍。这些波聚集成冲击波，在飞机尾部呈现为 V 形，就像快速行驶的船后面拖曳的尾流。飞机产生的音爆是连续不断的，但是这种尾流引发的声音只会在地面的人们耳边经过一次。如一位亲历过台风喷气式飞机音爆的人说的："音爆声极大，砰的一声，整个房间都在振动，架子上的酒杯震得叮当作响……场面很奇怪，但是持续时间不长。"（有时候也会出现两次砰声，一次由机首，一次由机尾的尾流引起。）

不过，与某些自然发出的巨响相比，音爆声就显得很弱了。人类所经历过的最有威力的自然声响之一，是火山喷发的声音，如 1883 年印度尼西亚一座火山岛上的喀拉喀托火山的喷发。亲历者之一，英国军舰诺勒姆城堡号的海军上校萨姆森写道："我现在正在漆黑的环境中书写。天空中连续不断地降着浮石和火山灰雨。爆发声极为猛烈，超过半数船员的耳鼓受损。我最后心中所念是我的爱妻。我相信审判之日已经来临。"

萨姆森上校距离爆发的印度尼西亚火山只有几十公里。火山喷发的威力极大，远在 5000 公里之外、印度洋中间的罗德里格斯岛上的人都听到了爆发声。罗德里格斯岛警察长詹姆斯·沃利斯记录道：“夜里数次……有爆炸声从东面传来，好像重型枪械的轰响。”这两地之间的距离大约相当于从伦敦到沙特阿拉伯的麦加，这对于能被人耳听到的声音来说是很长的一段距离。我还记得 1980 年华盛顿州圣海伦火山大喷发的新闻报道。如果那次喷发声音的强度与喀拉喀托火山岛火山一样，那么整个北美，直至加拿大东海岸的纽芬兰都应该能听到。

喀拉喀托火山发出的人耳可闻的巨响和爆炸声传播了非常长的距离，但是其他人类听不到的声音传播得更远。火山喷发产生大量次声，它的频率很低，低于人类的听觉范围（人所能听到的最低频率大约是 20Hz）。全球的气压计都受到了喀拉喀托火山产生的次声影响，根据它们的显示，这种低频波在减弱到无法被检测到之前，围绕地球转了 7 圈，行程约 30 万公里。

现在，科学家们将监测火山次声作为使用地震仪测量地面震动的补充，以加强火山预报，区分火山喷发类型。地下深处的火山活动会改变次声，因此次声能让人们在安全的距离，以独特的视角了解火山内部的运行方式。

火山还发出其他较小但是可闻的声音，包括气泡破裂声，小股岩浆泼溅岩石的声音，气体喷射的嘶嘶声以及穿过火山口的轰响。想要经历这些但又不想在喷射中的火山旁冒失去生命和肢体的危险，你可以去地质活动活跃地区。

冰岛就是一本经典的地质教科书。那儿的各种声音清地描绘了形成地球的巨大力量。冰岛位于北美构造板块和亚欧构造板块之间的大西洋中央海岭上。这两个分离的板块通过地震和火山活动形成陆上景观。在冰岛野外，四处可见火山锥、充满了小圆丘的熔岩荒原和岩石裂谷。在北方的哈维尔，满目的杏黄色景观让人感觉这片土地好像罹患长期复发的黄色粉刺。邪恶的硫磺味直刺鼻窍。而且游人必须小心脚步，以免落入齐膝深的滚烫液体中。

由石头、沙砾和泥土构成的齐腰高的圆锥形石堆四处可见，随着蒸汽冲出发出警告似的嘶嘶声，听起来仿佛随时会爆炸。地面水渗入地下约一公里后被岩浆加热，以过热蒸汽的形式被送回地面，温度高达200℃。蒸汽从石丘的裂隙高速逸出，推挤附近的静止空气，产生无形的气旋，发出嘶嘶声。你可以将这些小旋涡想象为木星表面大红斑或螺旋飓风的微型版本。

其他地方的水池里，灰色的泥巴好像被小火煨着，慢慢翻出的气泡如同纷乱的战舰，浮在水面转眼又消失。它们好像是活的，有些像浓厚的糊状小扁豆汤，慢吞吞吐着泡泡；有些像是引不起食欲的稀薄麦片粥，被急火煮开，气势汹汹地四处泼溅着。有些发出十分有节奏的声响，听起来好像加速播放的音乐。硫化氢一边散发出无处不在的臭气，一边借硫酸溶解岩石，在吐着泡泡的小坑里制造泥巴。泥坑里的泥浆被过热蒸汽冲到空气中，又噼里啪啦地落回水里。虽然没有科学家研究过泥坑的声学现象，但我推测这些声音是由气泡发出来的，与瀑布一样。

我在寻找泥坑发声的研究论文时遇到困难，于是联系了南安普顿大学的蒂姆·莱顿。蒂姆看起来像中年版的哈利·波特，只不过他是气泡研究专家，而非魔药专家。他没有亲眼见过那种泥坑，但是提到了他在 12 岁的时候用加压的沸水建造的间歇泉模型。模型每隔三分钟就会喷发，喷射出来的热水高达 2—3 米。蒂姆惋惜地说："可惜我那时候不知道就那个模型写篇论文发给学术期刊。不过，我办公室楼下的实验室里就有一个这个模型的复制品。"

"间歇泉"（geyser）这个词来自于冰岛西南部的热水泉大间歇泉（Great Geysir）。遗憾的是，大间歇泉已经几十年没有自然喷发过了。不过，在它附近，有另外一个间歇泉史托克间歇泉（Strokkur，意为"搅乳器"），每几分钟就产生 30 米高的水柱。在绳栏之外的旁 观者中，一位会多种语言的游客兴奋地说个不停，试图猜测泉水的喷 发时间。最开始的预兆是从地面的泉水口涌出半球形的喷泉，它轻轻 颤动着，看上去像一个巨大的青绿色水母。随后，高温的泉水突然间 "嗖"的一声冲向半空。在落回地面时，泉水发出噼啪声和嘶嘶声，很像海浪拍到岩石上的声音。

间歇泉很罕见，因为它的形成需要有一系列不寻常的条件：在地下的天然管道系统必须有防水墙，有水源反复补充管道，并且有地热。过热水从底部填满管道系统，同时地表附近的管路由冷水填充。管道顶端冷水的重量让下层的热水超过沸点，但没有沸腾。在管道系统完全被灌满的时候，史托克间歇泉泉眼的半球形喷泉出现。这时，水流中不可避免的出现气泡，并把一小部分的水推到间歇泉的顶部。这使得地下深处的水压下降，并导致了过热水产生爆炸式的水流。水流随后迫使间歇泉中的泉水呈柱状喷出泉眼，飞到半空。

如同史托克间歇泉发出的声音一样，一些极为惊人的天然声音发生在人迹罕至的偏远之地。那是在进入莫哈维沙漠探险的几年前，我在澳大利亚惠森迪群岛的白色天堂海滩见到了音乐沙。与凯尔索的低沉嗓音相比，这里的音乐沙就是女高音了。这座澳大利亚海滩上的沙子炽热滚烫，白得晃眼，它发出的嘎吱声的频率比沙丘的声音高很多，一般在 600—1000Hz。我在度假的时候与这个音效不期而遇。随后我在海滩上饶有兴致地拖着脚走来走去，想要找出最好听的唧吱声。查尔斯·达尔文在巴西听到过相似的声音，他是这样描述的："一匹马走在干燥粗糙的沙子上，发出了一种特别的嘁嘁嚓嚓的声音。"这种高频的声音比沙丘发出的隆隆声更常见，在澳大利亚甚至有一个地方就叫做"嘎吱沙滩"。

发出嘎吱声的沙滩或发出嗡嗡声的沙丘能产生明显的音符，你甚至可以和着它的音调唱起歌。产生这种现象的原因是沙粒协同一致的运动。如果沙粒不规则的移动，发出的声音就可能听起来像落叶树的叶子掉落发出的没有规律的沙沙声。我们可以从托马斯·哈代的田园小说《绿林荫下》（*Under the Greenwood Tree*）中的描述看出，吹过树林的风声可以是非常复杂多变的："对于树林的居民来说，几乎所有不同种类的树都有自己的声音和自己的面貌。随着一阵微风，枞树摇动的声音是它的抽噎和呻吟；冬青边与自己做着斗争边吹着口哨； 白蜡树在颤抖中发出嘶嘶声；山毛榉平平的树枝上下晃动，发出沙沙声。冬天，由于没有了树叶，这些树发出的音符会改变，但是它们的个性仍旧存在。"

科学家们，如瑞典的奥利弗·费金特，一直在研究树木是如何发出这些各不相同的声音的。对于落叶树种，如哈代描述的山毛榉来说，树木在风中摇摆时，树叶和树干相互碰撞，使得树叶振动，发出沙沙声。桦树发出的声音极像波浪拍岸声。在风变大时，叶、干碰撞加剧，发出更响亮的声音，然而令人惊讶的是，声音的主要频率保持不变。

费金特想知道树的沙沙声是否能够隐藏风力涡轮发电机的叶片发出

的声音。大部分风力发电机的声音很小，但是在偏远地区，几乎没有其他声音，叶片发出的最微小的声音也无法掩盖。费金特的结论是，在所有他实验过的树中，白杨是落叶树里的最佳选择，比桦树或橡树发出的声音大8—13 分贝。对听者来说，声音高 10 分贝大约等于声音大一倍，一棵白杨的响动就相当于其他树的两倍。不过，使用落叶树存在明显缺陷，因为它们冬天落叶后就不能发出沙沙声了。

常绿树一年四季都可以发声。在凯尔索沙丘的脚下，我听到了风吹过纤细的红柳树树叶发出的声音。这种声音时高时低，但是不像乐器演奏出的声音那样清晰，更像学吹口哨的小孩发出来的那种声音——你能听到音调，但是那声音连嘘带喘，断断续续。这种飒飒声是由空气在针叶周围运动引起的，就像风吹过电线发出的声音一样。（在第八章中会讲到这种“风之调”是如何产生的。）每根针叶发出的音调高低取决于风速和针叶的直径。成千上万这样细小的声音源头汇合在一起就产生了哈代所描述的呻吟声和哽咽声。根据费金特测量，云杉和松树在 6.3 米每秒的中速风中产生的飒飒声为 1600Hz，相当于笛子音域中的最高频率的声音。风速加倍到高速风后，这种气喘吁吁的声音的频率增加八度，达到约 3000Hz，相当于短笛音域中的音符。

可以说哈代对树发出呻吟声的描写是非常形象的，因为在风速自然减弱时，树发出的声音频率逐渐下降，好像一个伤心人的说话声。对我来说，红柳的声音频率太高了，不像呻吟声，更像是澳大利亚的木麻黄树发出的声音。木麻黄树下垂的叶子和细长的枝条是众所周知的灵异声源，它们发出的声音是电影中理想的鬼屋音效。梅尔·沃德是一位自然学家，他在大堡礁周边的海岛生活了很长一段时间。他写道，自己“从大海的乐声和树木的叹息声中获得了抚慰”。不幸的是，如今在旅游景点的木麻黄属树木大量消失，“空调、音乐和其他娱乐设施盖过或消除了户外的声音。”红柳让我回想起在海滩度过的假日。现在想起来，小时候我去海边玩总听到一种呼呼声，那种声音应该是风吹过海边悬崖上的荆豆丛发出的声音。

有时风在穿过人造建筑时，会发出非常扰民的声音。曼彻斯特的比瑟姆塔建成于 2006 年，高 171 米，它会定期成为当地报纸的头条新闻，原因就是它在风中发出的呼号声。有一次，高塔发出的嗡嗡声之大，以至于干扰了世界播出时间最长的电视剧集《加冕街》（*Coronation Street*）的录制（节目的录制场景与塔之间的距离只有 400 米）。

在这座摩天大厦的顶层耸立着由金属支架支撑的雕刻百叶窗板，这个结构使得此塔在建成时成为当时欧洲最高的住宅楼，但同时也造成了呼号声的产生。在强风中，吹过玻璃窗板的空气会产生湍流和噪声。湍流是气压的不定时变化造成的，它与导致飞机震动和坠毁的乱流是同样的现象，只是规模较小。由于声音从根本上来说就是气压的微小变化，因此湍流会产生噪声（吹笛人向横笛吹口吹气与此同理）。在 2007 年，为减小塔顶噪声人们采取了临时措施，在玻璃窗的边缘加装泡沫，缓和尖利的边缘，从而达到避免玻璃制造湍流的效果。2007 年年底，人们又在玻璃窗的边缘安装了铝制金属板，在风速为中速的时候，这些金属板可以避免噪声产生，但是在强风中，这栋大楼还是会不屈不挠地发出哼鸣声。

在风快速吹过桥梁、铁路或楼宇时，往往会产生湍流，但是一般情况下这种声音小到人耳无法听到。而比瑟姆塔却能惊醒沉睡的当地居民，让当地政府接到数十个投诉。产生这样洪亮的噪声，没有共鸣的扩音效果是办不到的。长笛能发出洪亮的声音，是因为笛身中的空气产生共鸣，增加了音符的响度。而对比瑟姆塔来说，塔上的众多平行的玻璃板之间的深深的夹层困住了空气，制造了共鸣。

在风速低的时候，玻璃边缘产生的湍流噪声低于百叶结构的天然共鸣频率，此时塔就很安静。这个现象告诉我们，有一个办法可以解决这个问题，那就是改变玻璃板的大小和分布，即改变它的震动频率，让它在强风中不会产生共鸣。纽约的城市之尖中心（City-Spire）就是用这个方法解决了大厦在风中呼啸的问题。此前这栋大厦产生嗡嗡声极大，以至于大厦物业收到了噪声污染的罚单，虽然罚金数额仅有 220 美元。这种嗡鸣声约比中央 C 高一个八度，与第二次世界大战时的空袭警报声很相似。大厦产生噪声的部位是楼顶百叶板构成的穹顶。人们拆除了半数的百叶板，降低了共鸣频率，解决了此问题。

我是在没有事前计划的情形下，在深夜前往比瑟姆塔听它的声音的。我在睡前闲来无事浏览网页，发现很多人在推特发信息，抱怨大厦的嗡鸣声吵得他们睡不着。一位声学工程师说，在距离塔基 100 米的高度测到的噪声为 78 分贝，相当于人站在次中音萨克斯演奏者身边，听他用中等音量演奏。我走到花园里，可以听到模糊的嗡嗡声。我不确定那是塔发出的声音，还是附近道路上的噪声，或是远处直升飞机的飞行声。我在睡衣外面随便罩了几件衣服，抓起录音机，跳上汽车开进了城。虽然冬天天气寒冷，我还是打开了天窗，让麦克风伸出车外，然后开着车在城里兜圈，记录这个嗡嗡的声音。

我很快确定了，城里的嗡嗡声就是我在花园里听到的声音。这意味着这个声音穿过城市，传播了至少 4 公里。具有讽刺意味的是，由于风太大，录音机记录的声音效果很差。阵阵强风在麦克风的周围形成湍流，造成楼宇发声的物理现象同时也在毁掉我的录音。我在麦克风上装了一个泡沫防风罩，想要减轻风的影响，但是风太大了，风罩基本上没有用处。

嗡嗡声随着阵风时有时无，听起来像某种低音乐器发出来的诡异长音，音调清晰，频率 240Hz（约等于中央 C 向下移动 1 个音）。由于嗡嗡声音调清晰，车辆通行的声音根本不能盖住它，这也就是为什么居民们觉得它特别烦人。我们的听觉很难屏蔽那些音调清晰，让我们可以哼唱出来的声音，原因是这些声音可能包含了有用的信息。要知道，语言中的元音（a、e、i、o、u）就常常是以明确的频率，用有节奏的方式说出来的。音调是尤为引人注意的，了解这点还可以帮助我们解释《加冕街》电视录音师短期使用的简单摒除噪声的方法。他们将宽频带的声音加入声带中，例如远处繁忙大街的嘈杂声，这样嗡嗡声就被噪声掩盖，让听众不那么容易注意到它。

但是正如沙丘发出的打嗝声只是声音发出的开始阶段，风卷过比瑟姆塔的玻璃边缘发出的声音也只是最初的声源。沙和风的声音都需要扩大。沙丘的扩音机制尚不明确。一种理论将注意力集中在沙丘坚实结构上面的那一层约 1.5 米厚的干燥松散沙层。

纳瑟莉·福瑞恩德曾告诉我，这个沙层假说来自于她的博士生导师，加利福尼亚州理工学院的梅兰妮·亨特。为了证实亨特的理论，纳瑟莉在美国西南部的各个沙丘做过实地试验。为了揭示下层的结构，她借助地球物理学，使用了能够穿透地表的雷达和地震测量仪。她还用直径 1 厘米的探针从沙丘中取样。探针照直穿透了上层的松散沙层，但是约在 1.5 米处，它遇到了坚硬如混凝土的沙层。纳瑟莉说："我们几个里面体型最大最壮的人用锤子敲击探针，即便如此探针也未能再进一步。”从坚硬沙层取得的样品显示，沙层由潮湿的沙粒，以及紧密结合的碳酸钙组成，形成了一层声音几乎无法穿透的障碍。

松散的沙层好像波导一样传播声音，原理与光纤导光一样。崩落的沙子产生一系列的频率。波导沙层在其中放大某一个音调。同样的，吹过比瑟姆塔天窗的风产生的也是很多不同频率的声音。玻璃板条之间的共鸣放大其中一个音调，制造了人们听到的嗡鸣声。

然而，有人质疑发沙丘出声音是否需要有多个沙层。西蒙·达古瓦 - 博伊和他的同事们在实验室中再现了隆隆声。他们用厚重的再生纸板做成一个坡，坡上衬有织物，之后倾泻少量样品沙子下坡。根据他们的理论，沙子同步滑下坡，以有规律的的速度相互撞击，使得沙丘的顶部变成一个扩音器，制造出明显的音符。但是沙粒同步下落的原因还不清楚。如果这个理论是正确的，那么纳瑟莉·福瑞恩德测量的波导可能仅仅渲染了声音，而不是发声的潜在机制，或者也许是波导帮助了沙粒同步下落。

风在响沙丘的沙粒撒落中间起了重要作用。凯尔索沙丘的芥末黄色沙子常脱离地面，从周围荒凉的矮树丛和远处的花岗岩山上扬起。最常刮起的西风从阿夫顿河峡谷河口的莫哈维河谷吹起沙子，然后让它们降落在凯尔索。漩涡带起的飞沙降落在 180 米高的沙丘上。沙子中大部分是沙粒，即最常见的石英颗粒，更小的颗粒叫做细尘。扬沙的风的流动很不一般，以至于沙丘下风向的所有的沙子颗粒都大小相仿，细尘很少。

打嗝声的发生就是因为沙子颗粒圆滑，直径相仿。沙粒表面光滑是发声的重要环节。法国物理学家斯特凡·杜阿迪发现，他实验室中的样品沙子发声的特性消失了。他随后发现，在冲洗并用盐高温干燥沙子后，它们便能再度发声。这个过程在沙子上加了一层硅铁氧化物，改变了相邻沙粒之间的摩擦。

我和戴安娜·霍普在第二天拂晓从凯尔索营地出发，以便能在天气还凉爽无风的时候爬上沙丘。那天正是夏至，在我们收起帐篷的时候，一道壮美阳光穿过附近的山峰，呈现一道光扇，照亮天空。

在我查看纳瑟莉·福瑞恩德有关加利福尼亚州杜蒙沙丘的科学论文时，注意到与我前一天滑下的沙坡相比，她测量隆隆声的实验沙坡的长度要长得多。论文还指出这个坡的角度需要约 30 度。在爬上沙丘后，戴安娜和我搜索坡最长、沙子颜色最浅、且没有植被覆盖的沙山。在第一天我们就知道了，有点棕色的沙子是不会发出打嗝声的，这种沙子比较方便人行走，因为它不那么容易流动。几乎所有沙丘发声的部分都是在下风面，因此我们的目标就是找到一个不在沙丘顶部但是有长陡坡的山脊，它的朝向要比我们之前一天找的地方垂直于常刮的风向。

带着担心，我试滑了一次，马上感到这个坡与之前一天的坡不同。我可以感到身下地面的振动。随即沙子开始发出歌唱声。我们已经找到了沙丘发声的中心点，现在需要的就是提高我的下滑能力。在下滑的时候，沙子在我身边成群滑下。我一方面要避免下坐太深导致自己停下来，另一方面还要带着足够的沙子落下发出隆隆声。

很多作家都说沙丘的声音好像音乐，因为它的频率明晰（根据我们的测量数据之一，为 88Hz，与大提琴的低音相同），并伴有几个和音。它让我想起滑行中飞行器推进器的嗡嗡声。凯德尔斯顿侯爵柯曾写道：“开始发出的是窃窃私语声，或是哭号，或是呜咽声，有时又像风弦琴的拉弦声……之后随着振动的增加，声音也加大，好像打嗝声，有时又像低沉的鸣钟声……最后在土地振动最强的时候，发出的声音好像远处的隆隆雷声。”这段描述中缺少的，是我成功滑下沙丘时的身体体验。嗡嗡声振动我的耳鼓膜，下滑的沙子让我的下半身震颤，我身体的其他部分也兴奋得颤抖，因为我让沙丘歌唱了起来。

第七章 世界上最安静的地方

在长途跋涉寻访歌唱的沙丘的途中，我遇到了一个罕见的现象：绝对寂静。炽热的夏季阳光让游人们避恐不及，大部分时间里沙丘附近只有我和我的录音师同事戴安娜·霍普。我们扎营的地方位于凯尔索沙丘脚下的一个贫瘠得只有矮小灌木的山谷，背后是一座座高耸的花岗岩山。上方的天空完全没有飞机飞过，只在极少数情况下能听到远方的汽车或货运火车的声音。这样的条件对录音来说是再好不过了。没有噪声就意味着不需要二次录音。然而，这里白天的大部分时间里都有风，呼啸着吹过我们的耳边。不过在傍晚和清晨的时候，风就会停下来，让寂静无声蔓延。整晚时间，只有一个声音打破过这种寂静，那是附近的一群郊狼发出的鬼婴哭泣般的嚎叫，它们有规律的呼号和低吠让我紧张万分。

在第二天拂晓，我在沙丘的高处等戴安娜设置录音设备。她在离我比较远的地方，我于是有机会沉浸在真正的无声状态中。人类的耳朵精准而敏感。在感知到最小音量的低语时，中耳里将声音从耳鼓传播到内耳的微小骨骼就会以小于氢原子直径千分之一的幅度振动。哪怕在无声状态下，分子的微小振动也会使听觉器官的不同部位发生位移。这些持续发生的位移与声音无关，它们的来源是随机发生的分子运动。假如人耳能够更敏感，它能听到的声音也不会是来自外部的，而是来自人体自身，比如耳鼓因为热激发而产生的嘶嘶声，中耳镫骨和耳蜗中毛细胞发出的声音。

在沙丘上，我听到了一种音调很高的声音。声音几乎微不可闻，但是我担心听到的声音是自己耳鸣所产生的。造成我耳鸣的原因可能是演奏萨克斯过多，乐器发出的巨响对我的听力造成了损害。医生对耳鸣的定义是在没有外部声源的情况下感知到声音。有 5% ～ 15% 的人口常年耳鸣，有 1% ～ 3% 的人因为耳鸣导致失眠，处理事务的能力受损，并遭受精神损害。

有关耳鸣的理论很多，但是大部分专家都认为导致耳鸣的原因是外界声音音量减小而引发的神经调节。内耳中的毛细胞将振动转化为电子信号，这些信号随后通过听觉神经上传至大脑。但是这个过程并不是单向的，电脉冲双向传输，大脑同时也发送信号给耳朵，改变内耳的反应方式。在安静的地方，或在听力受损的情况下，脑干中的听觉神经会增强从听觉神经中传来的信号的扩大效果，以补偿外部声音的不足。其副作用是听觉神经纤维的自发活动增强，于是人对这个活动的感知就是耳中传来的口哨声、嘶嘶声或嗡嗡声。也许我在沙丘上听到的声音就是我的大脑徒劳无功的搜索声音时发出的空转声。我注意到，那种高频的口哨声并不总是存在——也许这标志着我的大脑在一段时间后适应了那种噪声。

图 7.1　索尔福德大学的无回声室

与沙丘地区各种各样的寂静截然相反的是人造的无声状态。我所在的大学有一个无回声室，这个房间可以提供一个不被风声、动物声音或人类噪声干扰的、保证不变的无声状态（图 7.1）。虽然大门朴实无华，但是这个无回声室总是能让来访者印象深刻。在门口，人们可以看到布满灰尘的金属走道，附近是正在为相邻实验室建造实验墙的工地，工人们经常发出各种各样的噪声。建成后，科学家将分析这些实验墙隔离声音的能力。守卫无回声室的是几道沉重的灰色金属门。实际上，要进入房间内，你要通过三道门，因为这是一个房中房。为了保持这个空间的宁静，最里面的房间被几堵厚重的墙壁隔绝了起来，阻挡了外界噪声进入。跟现代音乐厅一样，为了阻止不该有的振动进入内室，房间下面安装了弹簧。

这个房间极为宽敞，第一次来到这里的人常常表现得很谨慎，原因主要是由线构成的地板好像一张拉紧了的蹦床。在关上门后，人们可以马上注意到房间里面的每一寸表面都覆盖着巨大的灰色泡沫块，包括网线蹦床下面的地面上。在带来访者们四处看的时候，我喜欢在这个时候不发一言，因为在适应这样安静到不可思议的空间的时候，他们的脸上会闪现一种恍然的表情，观察他们的表现实在是很有趣。

但是这个地方不是完全无声的。你的身体内脏发出的噪声是房间无法消除的。录音师克里斯·沃森描述自己在这个房间里工作时的经历说：“我听到嘶嘶声和低低的搏动声，我只能猜想那是自己血液循环的声音。”内脏的噪声还不是唯一奇特的声音。遍布地面、天花板和墙壁的泡沫块可以吸收所有的语音，因此不会产生任何回响。我们习惯听到声音从地板、墙壁和天花板等各个表面反弹回到耳中，这也是为什么我们在浴室发出的声音生动洪亮，而在卧室中的声音则含混细弱。在无回声室中，语音听起来含糊不清，让你有在乘飞机时那种耳朵里面被塞住了的感觉。

根据《吉尼斯世界纪录大全》，位于明尼阿波利斯市的奥菲尔德实验室的无回声室是世界上最安静的地方，背景噪声度数为 －9.4 分贝。这是多么安静呢？用响度计测量的话，你与人交谈时的声音是 60 分贝。如果你自己安静地站在现代音乐厅里，这时响度计的读数下降到 15 分贝。一个年轻的成年人所能听到的最小的声音大约是 0 分贝。奥菲尔德实验室的检测室，同索尔福德大学的无回声房间一样，比 0 分贝还要安静。

无回声室能够如此安静，是因为在其中同时出现了两种不常见的知觉作用：其中不仅没有外界的声音，而且你的感官也不能正常工作了。来访者通过眼睛可以看到一个房间，但是他们的耳朵听到的声音无法证明这个房间的存在。加之被关在三重厚重大门内的幽闭恐惧感，有些人开始感觉到不舒服，要求离开。其他人则为这种奇异的体验而深深着迷。我认为，没有其他人类建造的声学空间能够给人带来这样强烈的影响。但是人脑能够在很短时间内适应安静的环境，以及视觉和听觉给人带去的矛盾信息，这是很了不起的。这样奇异的感官体验被封存归入记忆，于是非凡变得相对普通起来。人们在第一次进入无回声室时产生的魔幻感在之后重回原地时基本不会再产生。这不仅仅是因为无回声室很少见，还因为在我们的大脑中，几乎所有的感官经历都是短暂、不会反复出现的。

不过，除了体验地球上最安静的房间以外，安静还能给人们带来更多东西。它能让人感受心灵，甚至具有美感和艺术感，正如约翰·凯奇著名的无声乐章《4 分 33 秒》一样。我十几岁的儿子在听说我要去听这段音乐的表演后，对我花钱去听没有声音的音乐表演表示出了极大的惊讶。凯奇在 1952 年参观哈佛大学的无回声室后编写了这段音乐。在那儿被成千上万个玻璃纤维块包围着时，他本以为自己会感受到寂静，但却发现耳中不完全是无声的，因为他自己的身体也产生噪声。他也听到了很可能由耳鸣引起的高频声音。

在沙漠旅行 9 个月后，我听到了《4 分 33 秒》的表演。如同所有普通的音乐会一样，这场表演有隆重的场面和仪式。室内灯光被调暗，音乐家大步登台，向听众鞠躬感谢他们的掌声。随后，他在钢琴边坐下，将琴凳调整到合适高度，翻开乐谱架上的乐谱，打开钢琴的琴键盖，随后关上，之后开启了计时器。除了偶尔翻动空白乐谱的声音，以及象征着三个乐章结束和开始的开关琴键盖的声音，别无其他。最终，钢琴家最后一次打开琴键盖，站起来接受听众的掌声，鞠躬并离开。有趣的是，这部作品还有各种交响乐版本，我猜想全交响乐版肯定十分受音乐家协会的欢迎，因为它能最大化不劳而获的人数。

第一个惊奇出现在钢琴家上台的时候。随着场馆的门纷纷闭合，室内灯光变暗，我感到一阵激动，这种感觉甚至比我参加普通音乐会之前的感觉还要强烈。现代音乐厅是城市里最安静的地方之一。在曼彻斯特的布里奇沃特大厅（Bridgewater Hall），导游们喜欢讲的故事是 1996 年非战时期英国最大的炸弹引爆时，由于音乐厅的极佳声音绝缘性，在听众席的工人都没有听到爆炸声。这枚炸弹被爱尔兰共和军置于城市中心，摧毁了数间商店，震破了方圆 1 公里之内所有的窗户，并制造了一个直径 5 米的弹坑。

参观现代音乐厅的后台是很有意思的，你可以看到要达到噪声隔绝需要多么高的精度。导游往往对观众席建造在弹簧上表示出极大的自豪感。像大马力汽车的悬挂系统一样，这些弹簧能够阻止振动影响音乐厅内部。假如说地面震动让场馆的某些部分发生位移，微小的振动则会让空气分子移动，产生人耳可闻的噪声。所有与音乐厅相连的物体都可能传递振动，比如电缆、管线和通风管道。因此这些都需要特别设计，让它们有自己的小型悬挂系统。这样的对细节的特别处理让人惊叹不已。

最近几十年间，新建的古典音乐厅的隔音效果越来越好，让指挥家和音乐家们能够有最大的可能在动态范围内开发和创造戏剧。在一座好的现代音乐厅，坐在观众席的全体观众的呼吸和移动双脚的声音实际上比所有外界或通风系统的噪声都大。

在演奏《4 分 33 秒》的过程中，听众们听到的内容取决于场馆的隔音效果和听众们的安静程度。我那次去的音乐厅隔音不是很好，我几次听到外面繁忙的街道上公交车的声音。听众的人数不是很多，大约有 50 人，我能够听到他们在座位上移动和咳嗽的声音。由于有这些让人分心的事物，在表演进行过程中，我发现自己开始走神了。但是，这些声音真的是干扰，还是其实它们就是音乐呢？虽然舞台上有音乐家，但是凯奇的乐曲所做的，是将人们的关注焦点从演奏者转向观众。第二个让人惊讶之处，是我感到自己从被动的观众中的一员转而成为表演的一部分。一曲结束，我感到一种强烈的与所有观众和表演者共享的成就感。在观众们鼓掌，几个人大喊“再来一次！”和“安可！”的时候，我深深地沉浸在一种分享的体验中。我们刚刚貌似做了一件毫无意义的事情，但是它真是如此吗？

片刻的沉默常常被艺术家们用于作品中，其中著名的两位剧作家是哈罗德·品特和塞缪尔·贝尔特。品特认为，沉默会迫使观众思考剧中角色的内心想法，而贝尔特认为，沉默可以象征存在本身的无意义和永恒。在音乐中也常常有短暂的间歇。激情四射演奏的爵士乐乐队会突然停止片刻，随即在几拍后同时恢复演奏，仿佛刚才的停顿从未发生过。这样的中断通过一种让人的大脑感到愉悦的方式颠覆听众的预期，为演奏增加了戏剧张力。

想象一下，一位音乐家走到钢琴边，然后反复弹奏你最喜欢的曲子的片段。这种可预见的重复表演很快就会让你感到厌烦。同样的，人们也不会喜欢猫跑在钢琴键上而产生的杂乱声音。好的音乐既不完全是重复的，也不完全是随机的。它处在这两种情况中间，既有一些反复出现的韵律和旋律结构，但也有变化以维持听众的兴趣。

在听音乐的时候，听众大脑的任务之一是分析韵律结构、节奏或节拍。找到节奏并和着打拍子，这项任务看起来简单，但其实涉及多个脑部区域，我们对这个过程尚未完全了解。在大脑深处的基底神经节，脑前部的前额皮质和其他负责处理声音的脑区可能都参与了这项任务。基底神经节在形成以及校准运动控制方面起了关键作用。帕金森病患者就是因为基底神经节受损而产生运动障碍。

在我们沉浸在乐曲中时，我们的大脑解码其中的信息，不停地试图预测下一个强音什么时候发生。它利用听相似音乐而产生的经验，以及刚刚听到的片段的音符，猜测下一段旋律。能够正确预测到下一个强音让大脑产生满足感，但是在听到技巧高超的音乐家不按拍子演奏，颠覆听众预期的时候，大脑也会产生愉悦感。而愚弄听众预期的一种方式就是加入意料之外的，哪怕是非常短暂的停顿。大脑好像很乐于调节自身以保持与音乐节拍的同步。

乐声突然中止的同时，听众承担了保持节拍的责任，因为在音乐家恢复演奏前，他们必须保持打拍子。比如在约翰·凯奇的作品中，停顿让人们转移了对舞台上的音乐演奏的关注。在那场以《4 分 33 秒》作为主打的音乐会中，第二个曲目是较为传统的由查尔斯·艾夫斯所作的钢琴奏鸣曲，不需要观众的参与。钢琴师的手指在琴键上上下翻飞，好像是要弥补音符全无的凯奇的作品。但这段旋律对我毫无触动，在听的时候，我一直希望能够再次听到无声的表演。

混音师一般会避免在电影声带中出现完全的无声，但是有一个著名的例外，就是电影《2001 太空漫游》（2001: A Space Odyssey）。在 这部电影中，斯坦利·库布里克大胆地在声带中多处留白。如果如今的电影导演试图效颦，那将是电影版的《4 分 33 秒》，而观众们所能听到的，只会是一同观影的人们无休止的吃垃圾食品的咀嚼声和吸 食汽水的啧啧声。当观众们认为耳边什么声音都没有的时候，其实有 好几道音轨正在播放“无声”。查尔斯·迪南是美国艺电公司的音频总监。他向我描述了他在制作电子游戏声带的时候对无声室是多么 着迷。在空荡荡的房间里，他把自己制作的录音大声播放，听起来是“那么惊人的、让人毛骨悚然的旋律”，好像“吓人的、让人尖叫的事情正在发生”。查尔斯还详述了他如何取一段录音，比如骆驼的叫声，然后用数码操作，将其分为很多个八度，一个一个地听它们，从中找 出与众不同的、具有他想要的那种毛骨悚然感觉的音符或鸣响。游戏 玩家或电影观众可能没有意识到这些背景声音的存在，但是它们是设 立情感场景的重要组成部分。

在第一部《星际迷航》（Star Trek）开始时，詹姆斯·T. 柯克宣布：“太空，是我们最终的前线。”在太空船企业号从屏幕飞过的时候，响起的声音好像是在一个回响效果非常好的大教堂录制的。据我所知，太空是个很大的地方，制作者们觉得这些回响是怎么来的呢？ 而且不管怎么样，太空都是无声的，或者引用 1979 年的电影《外星人》中的一句让人很容易记住的标志性台词：“在太空，没人会听到你的尖叫声。”如果宇航员不幸的在没穿太空服的情况下被困于太空船之外的地方，在窒息之前的些许时间里，尖叫是毫无意义的，因为太空中没有空气分子，也就无法传递声波。不过，好莱坞是不会让物理学这样微不足道的因素影响他们制作引人入胜的声带的。于是在最新的《星际迷航》电影中出现了这样几幕：伴随着大功率发动机的大量噪声，企业号在太空中发出轰鸣，以及光子鱼雷发出让人印象深刻的噪声。

在想到真正的航空器的内部的时候，我脑海中出现的场景是人们在零重力状态下沉着、优雅的飘浮着。我在 2012 年初遇到了美国国家航空航天局（NASA）的航天员罗恩·加仑，当时他刚从国际空间站执行完 6 个月的任务回来。他告诉我，在真正的航天器中，声音环境远非人们所想的那么宁静。甚至在航天器外的太空行走（他之前的任务就包括了一段长达 6 个半小时的太空行走）期间，耳边都不是寂静无声的。的确如此，如果真是完全无声，那肯定是很吓人的，因为那意味着帮助他呼吸的空气循环泵停止工作了。在航天器中充满了各种机械装置的声音，比如冰箱、空调机组和电扇的声音。从理论上来讲，是有办法减少这些噪声的，但是噪声更小、重量更大的机器被运往太空轨道的费用更高。

研究显示，在单次航天飞行后，航天员会出现暂时的部分听力丧失。在国际空间站，由于噪声太大，有人害怕航天员的听力会受损。最糟糕的是，睡眠仓的噪声水平同嘈杂的办公室一样。刊登于《新科学家》（*New Scientist*）杂志的一篇文章报道说："在空间站的航天员过去不得不全天都戴着耳塞，但是现在（被要求）在工作日只能每天戴 2 ～ 3 个小时。"哪怕是在部分时间需要戴耳塞都可以证明他们所处的噪声环境有多么恶劣。软质泡沫耳塞可以将声音减少 20—30 分贝。航天器中较高的二氧化碳含量和零重力下的环境污染物也可能让航天员的内耳更容易受到噪声损害。

外太空可能完全没有人耳可闻的声音，但是在其他行星，情况并非如此。科学家们已经将麦克风放在航天器中，例如，惠更斯号探测器，它被放置在土星的月亮土卫六上记录那里的声音。只要行星或卫星有大气，即附着在行星周围的气体，那里就有声音。麦克风的质量很小，仅需要很少的能量就可以驱动，隐藏在摄像头中，可以听到各种声音。知道吗，在土卫六录的那段惠更斯号探测器穿过大气降落的音频听起来一点也不像在另外一个星球，反倒让我想起来敞开车窗在高速上行驶时风吹过的声音。不过，当想到这段声音录自离地球差不多 10 亿英里远的地方，听它的时候我就感觉激动多了。

如果哪天航天员能够带管乐器到火星用表演巴赫的《D 小调托卡塔与赋格》，人们可能会发现乐器发出的声音频率比在地球上低。火星的大气会将其变为升 G 小调左右的调子。管乐器发出的音符的频率取决于声音在乐器管道中上下传输所用的时间。火星大气的主要成分是二氧化碳和氮气，由于空气稀薄，温度低，声音传播的速度大约是在地球的三分之二。声音速度越慢，频率越低。考虑到火星大气中气体有毒，航天员们应该不会摘下头盔唱歌。但是如果有人敢这样做，他会发现自己的声音也降了一调，男高音听起来跟以低沉声音闻名的歌星巴里・怀特差不多。可惜的是，这样性感的声音不会传播得太远，因为火星的大气稀薄到简直像真空一样。

金星的大气非常厚重，航天员的声带振动会因此降低，声音的音调也是如此。不过，在金星大气中声音传播的速度变快，口喉之间的共振也会加强。因此，航天员的声音会听起来很尖利，就好像人吸过氦气以后讲话那样。南安普顿大学的提姆・莱顿说，所有的因素加在一起，会使航天员的声音听起来像个男低音蓝精灵。

虽然国际空间站里的噪声水平已经降低，可能不再对航天员的听力造成威胁，但是噪声可以在其他方面影响健康，而且为此担心的也不仅仅是航天员。例如，被航天飞机噪声打扰了睡眠的人可能会在第二天上班的时候感到疲惫、易怒，工作效率降低。如果我们身处强噪声的环境下，我们的身体会产生更多的压力激素，长此以往有可能导致血压升高，心脏病的风险也会增加。因此减少噪声对我们是有好处的。但是非常安静的环境就更好吗？我们应该寻找完全无声的环境吗？

一天，在我们的办公室，也就是索尔福德大学的无回声室中，英国广播公司的工作人员正忙着测量蜈蚣的脚步声，录音师克里斯·沃森建议我去体验下浮箱。他说那是一个黑暗隔绝的密闭空间，人们可以在里面体验漂浮在盐水中目不能视、耳不能听的感觉。我几天前刚从莫哈维沙漠回来，在感受过那儿的宁静后，马上去拥有这种体验，难道不是最好的时机么？我于是向威尼斯海滩进发。那是洛杉矶的一个艺术气息极浓的地区，以衣不蔽体的直排轮滑者、千奇百怪的街头表演艺人和奇形怪状的人体雕塑表演者闻名。我的预约是在入夜以后，此时这个地方不再让人感觉到自由奔放，反而有点鬼影幢幢。

我到了一个打烊了的破烂商场，服务员打开卷帘门让我进去。浮箱在后面的一个小商店里。他带我看了一圈，详细告诉我接下来的步骤，然后让我签了一份很长的免责声明，随后宣布说我可以想待多久就待多久，因为他要走了。他还告诉我自己从箱子里出来，走前记得锁好门。这令人很紧张。如果我在箱子里面睡着了怎么办？如果我自己出不来了怎么办？我会不会被困在浮箱里过夜？满怀恐慌的我脱衣沐浴，戴上耳塞，不是很确定地走到浮箱边。

从外面看，这个浮箱像一个巨大的工业用冰箱，金属材质可以隔绝噪声，长 2.5 米，高 2 米，宽 1.5 米。我爬进去，锁上门，躺在温度与体温相仿的不是很深的盐水里。盐水的浮力让我轻松地漂浮在水面，但是头、颈和背的角度很不自然，我用了一会时间才找到舒服的姿势。周围漆黑一片，无论眼睛睁开还是闭合，眼前都是一样什么都看不见。我赤身裸体地躺在黑暗里，听不到一丝外界的声音，在打烊的破烂的商场中，忧虑包围了我。那个服务员会不会是一个新时代的理发师陶德（惊悚电影中的一个杀人的复仇者）？

我努力把注意力转到更让人高兴的事情上，试着放松下来，好好体验当下的环境。如果保持不动，不泼水的话，我就感受不到外界的一切。我能听到在沙漠听到过的自己身体内部的尖锐鸣响，但是过了一会就消失了，只断断续续地再次出现过。此外还有一种低频的有节奏的振动的声音，有时候好像还能摇动我的头。这是颤动耳鸣（pulsatile tinnitus），即敏感的听觉系统捕捉血液有节奏的泵出的过程。这与你在激烈运动后感到的心脏的剧烈跳动相仿。正常情况下，这种血液活动的声音比日常通过耳道的外界声音小，但是在浮箱中带着耳塞，这种生命的搏动声清晰可闻。我之前只偶尔听到过，大部分时间根本听不到。为了欣赏这种完全的寂静，我必须停下脑海中的自言自语，并且让自己不再寻找声音。这并不是件容易的事，因为大脑总是命令人们关注周围的声音。在一项神经影像研究中，朱利恩·沃伊津和同事发现，在声音还没有被听到前，听觉皮层的活动就已经增加了。

听力和视力都被削弱的影响，以及盐水和皮肤的接触，都加强了我对触觉的敏感度。过了一会，我感到自己的四肢已经消失，手和脚与身体分离了。这些部位都有轻微的麻木感，好像手脚或四肢因久不活动而发麻之前的产生那种感觉。很难用语言描述这种声音体验，因为它是在听力失效的情况下发生的。这可能是我经历过的最接近绝对寂静的时刻，因为在很长一段时间里，我的听力好像完全消失了，好像我唯一留存的感官是触觉。

在决定结束时间到了以后，我挣扎着站了起来，摸索着寻找门把。在浮箱外我看了下表，大吃一惊，自己居然已经在里面漂了两个小时！我冲了个澡，穿上衣服，走出商店。坐到车里的时候，我觉得浑身发软，有点想吐，原因可能严重脱水。浮箱的初衷是帮助压力大的管理人员降低皮质醇，但是以我身体发虚的状态，我十分不确定这种方式对我是否产生了作用。

到乡间享受平和宁静对我们应该是有益的。但是乡村往往远非安静之地。身处人员众多和田地密集的乡村，很难逃开农业活动和人类活动发出的声音。描写刚刚到达乡村的人如何抱怨噪声的报道像多年生的野草般层出不穷："一座法国村庄的村长下令禁止村中民众抱怨农田噪声。在这个村中，新下乡的城里人的数量不断增加，他们准备为自己享受宁静乡村的'权利'而诉诸法律。而这个禁令对他们来说是个先发制人的打击。这些城里人本来打算住进诺曼底卡昂市 12 英里外的万第镇，成为原居于此的 300 多位村民中的新成员。但是他们却发现村长要求他们与咯咯叫的小公鸡、呃啊叫的驴子或是铛铛响的教堂钟声和谐共处，不得抱怨。"

但其实这些人不是唯一一群对理想中的乡村美妙声音充满玫瑰色憧憬的城里人。我的脑海里也常常浮现那些田园之声：田野里绵羊的咩咩叫声，溪流中溪水的叮咚声和乡村板球比赛里柳木球拍击打在皮球上的乒乓声。我不是一个特别有乡愁的人，但是让我自己都吃惊的是，我刚才想象的仿佛是 P.G. 沃德豪斯的小说里一百年前的英格兰故事里面的场景，其中有漫不经心的贵族伯蒂·伍斯特和精明的男管家吉福斯。

花一点时间想象一下你理想中乡村生活中应该有的声音，你想要听到什么呢？如果你选择完全安静的话，我会十分吃惊，因为大部分人前往乡间都是为了亲近自然。来自华盛顿州的戈登·汉普顿是一位录音师和声音生态学者。他一直呼吁保护天然的寂静，他认为其“必要性和重要性等同于物种保护、栖息地重建、有毒废物清理和二氧化碳减排”。

戈登·汉普顿说，虽然美国有大片空置的土地，但是只有极少的宁静之地。由于空中密集交织的航班航线，想要避开人造的声音极为困难。汉普顿将一块可以听不到飞机噪声的地方命名为“一平方英寸的安静之地”，说那里是“全美国最安静的地方”。它位于华盛顿州奥林匹克国家公园的豪尔雨林。但是那儿也不是全无声音。虽然没有人造噪声，但那儿有各种来自迷人雨林的自然之声可供人聆听。古老的松柏树和落叶树苍翠丰裕、亭亭如盖，树下苔蕨丛生，茂密如毯，是吵吵闹闹的动物们和鸟儿们的家园。高悬的瀑布又制造了诸多的河水之音。想象一下，如果这里是真正的无声之地，没有这冬鹪鹩节奏短促、断断续续的音符，没有道氏红松鼠大叫“噼里噢欸”的声音，这里会是一个多么寂寞无趣、死气沉沉的地方。

清洁耳部习惯的推广者、先锋声音生态学者默里·谢弗对乡村环境大加赞誉，称之为“高保真音景”，即高品质的产生极少或不产生杂音的音响系统。一个地方能够被谢弗定义为高保真音景，那里的让人不喜欢的噪声不能太多，而且能够让有用的、相对轻柔的声音信号更容易被听到。与此相对的，他定义的低保真音景是那些单个声音被周围隆隆的交通和其他人造噪声模糊的地方。

美国国家公园管理局有一项政策是“如有因非天然声音（噪声）降

低公园音景品质的，本局有权将其恢复原状，并保护天然音景不受噪声影响。”英国乡村保护协会宣称，半数游览乡村的人的目的是为了寻求宁静。宁静的环境能够帮助人们减小压力。（在第三章中我提到了三个解释为什么天然声音可能对人有益的理论，它们各不相同，但都挺有道理。）由 CPRE 委托进行的研究发现，最能带给人宁静感的三项活动是：看到天然景观，听到鸟儿歌唱。以及观察星星。不受欢迎的特征包括持续听到车辆噪声，看到很多人，以及看到城市扩张。正如这些发现所示，宁静不仅仅与声音相关，它还包括保持平静、不受打扰和对一个地方样貌的思考。它需要我们的感官处在和谐的状态，不受纷繁冲突因素的刺激。

在科学领域，对不同的感官的研究通常是分开的，但是我们的大脑却没有这样的界限。虽然我们有时候使用大脑的不同区域处理和破译各种感官所带来的信号，但是总体的情感反应来自于我们的五种感觉（视、听、嗅、味、触）。谢菲尔德大学的迈克尔·亨特和他的合作者利用功能磁共振扫描展示了大脑在宁静和非宁静环境下如何处理感觉器官的信息输入。他们的做法很聪明，即让所有的受试者听同样的模糊录音（波浪拍打沙滩的声音，但听起来很像车流量小的街头的声音），只是改变受试者面前的照片，让他们认为自己听到的是不同的录音。沙滩的自然场景加强了听觉皮层和大脑其他部分的联系。在人们认为自己听到的是人造的街头噪声时，这种联系没有出现增强。这个结果说明，我们眼中所见会影响大脑处理声音的神经路径。所以在评价宁静程度的时候，我们必须同时考虑声音和景象。

作家萨拉·梅特兰曾经为了寻找宁静和孤寂感而长途跋涉，她说：“上佳的寂静环境可以催发创造力，促进对自我的思考，使人身心合一，产生深深的喜悦。”她搬到一个非常偏远的村庄，断绝与其他人的交流，把家中的电视、干衣机和其他所有能搬走的产生噪声的电器都搬走。梅特兰把无声的存在所带给她的宁静感当做写作素材。其他人也同样用低声的甚至是带着敬意的语言谈论乡村的宁静。的确如此，各种调查都将安静、天然的地点与宁静感联系在一起。

人们赋予宁静音景某些特质，并与其建立情感联系。这种做法与在教堂中时相似：大家对周围的声音保持着敏感，但是同时也很放松。也许这种神圣感仅仅反映出，大脑在处理更平静的音景时体验到的压力较少，从而减少了它的认知负荷量。为了保持听觉对可能的危险前兆的感知，我们的大脑不得不持续工作，压制不变的噪声，如没完没了的车辆的嗡嗡声。这种噪声环境是没有办法传递那种放松和深入灵魂的幸福感的。

英国乡村保护协会甚至量化了宁静，出版了颜色鲜艳的、以点标识的英格兰地图，详细说明各个地区有多宁静。研究者们通过测量人们在直线视野中可能看到的天然和人造特色景观，获得他们可能看到的内容，并通过预测地面和空中交通工具的噪声水平，得出他们可能听到的内容，最终计算出宁静指数。我在图上找到自己的家乡城市，发现那里一片红色，表示没有宁静。之后我的目光被北边苏格兰边界下面的深绿色地区吸引，这象征着那里有大片宁静的乡村。

在绿色区域中有一个地方被称为英格兰最宁静之地。我决定要去那儿看看。但是英国乡村保护协会从几年前开始公布这些没有前例的研究时，就因为不想让太多旅行者破坏那里的安宁而对最宁静之地的详细坐标含糊其辞。因此在收到原始的绘图数据时，我又惊又喜。用这些数据，我确定了那个地方位于诺森伯兰国家公园边缘，基尔德森林附近。

仅依靠名称，就可以知道那个地方远离高楼大厦、各种基础设施和公路，交通可能十分不便。在沙漠之旅几个月之后，待安排好旅程细节，我便骑上自行车，踏上了离目的地最近的道路。当时正是初秋，我在针叶树树林的浓荫中穿行，并不觉得太冷，在正午的艳阳下爬山也没感到热得喘不过气。与我擦身而过的是典型的英格兰北部乡村景色：山坡上是随风起伏的田野，田间的牛羊正在吃草，干燥的石墙把山地分成块。在登到更高处的时候（最宁静之地差不多在山顶附近），我进入了一片长满矮树丛的荒地，那是一个射击场，场中停着几辆坦克。我现在才知道，为什么在民用地图上这个地方的基础设施如此之少。这个地方经常有歼击机的枪炮手训练，那么它被评为非常宁静之地就很奇怪了。

为了能尽量接近最宁静的地点，我骑着山地自行车离开公路，来到林间小路上。之后我停好自行车，穿上徒步靴，开始漫长的越野旅程。我在树木之间穿行，进入了一片被苔藓和石楠覆盖的泥炭沼泽，当地人称之为基尔德沼泽。地面凸凹不平，我的双脚不时陷入小斜坡和小沟壑里，一会儿就湿透了。我此前想过询问英国乡村保护协会能不能公布最宁静之地的位置。但是我现在意识到，这可能不是个好主意。如果很多人把这里当做消闲场所的话，这个脆弱的湿地地貌很可能遭到巨大破坏。

幸运的是，森林里没有人伐木，军队那天也休息。那里的确是非常安静，我听到的声音只有自己心脏的砰砰声，沉重的呼吸声和我的靴子发出的有节奏的扑哧声。一个小时以后，我判断自己已经到了最终的目的地，于是打开手机查看环球定位系统坐标。手机接收了一条短信，发出哔哔声。除此之外没有其他声音，也看不到人类活动的踪迹，而我的手机信号竟然还不错！

我决定试着用录音设备捕捉宁静。虽然我已经把设备设置调到最高，除了其本身内部电流发出的嘶嘶背景噪声，以及我偶尔拍打叮咬我的蠓虫的声音，录音机什么声音都没有捕捉到。正在那时，几只鸟在远处飞过，发出快速的不连贯的叽喳声，我还没来得及找出它们的位置，它们就迅速消失了。

这种寂静并不让人感到宁静、有力量或放松。我筋疲力尽，双脚湿透，而且由于身处潮湿的泥炭沼泽中，找不到地方坐下来休息，并且我还有点担忧军方的人出现，以非法入侵罪名逮捕我，这使我现在的状况更加糟糕。但是能够在英国乡村找到这样完全安静的地方还是让我感到惊讶和难忘。对我来说，没在这里听到很多动物的声音让这个地方减色不少，还让我想起了单一的针叶林对生物多样性的不利影响。完全寂静的天然环境不一定是美好的。我想要听到鸟鸣或是溪水的汩汩声，哪怕是苍蝇的嗡嗡声也好，因为这些声音意味着生命。

现在全世界超过一半的人口生活在城市里，是否有可能在城市环境中找到某种形式的宁静呢？虽然工程师们一直努力减少汽车噪声，但是由于路上交通工具的总量增加，城市里的平均噪声水平并没有变化。而且，只考虑平均噪声水平会让人忽视其他重要的噪声动向。比如说，骑摩托车的人为了躲开高峰期，会提前或错后去上班，他们出行发出的噪声在本来宁静的时间段造成了污染。又如开车的人为了避开堵塞路口绕路而行，把宁静的小巷变成了绕道的捷径，同时毁掉了那里的安宁。虽然人类纷繁的活动让城市繁荣兴旺，但是人们也需要相对安静的地方以躲避喧嚣。

政策制定者们很关注如何保存最后的宁静之地，但是实际情况是，保护这些地方并非易事。理想的方式是用声音响度计量仪或用电脑模型预测，然后制作出一个简单的度量系统。曾有一篇科学论文建议将声级在 55 分贝以下（大约相当于一部廉价冰箱的响声）的地区指定为安静区域。根据这个标准，在伦敦这样的主要城市是没有宁静的区域的，但这是一派胡言。像所有世界级的大都市一样，伦敦很嘈杂，但是转过一个街角，走到一条小巷里，你常常会发现一个安静的、远离噪声、不那么受打扰的广场。这正说明了用简单数字代替人类感知时会出现的问题。

在城市里，重要的是相对的安静，而不是单纯的大音量声音。而在乡村，需要控制人造噪声，但是不必声音全无。鸣禽、响叶和流水的声音越多越好，因为研究显示，在村镇中，天然声响越大，给人宁静感就越强。其他感官也对宁静感的产生有影响。有研究指出，地面较硬的风景地需要比绿化更多的地方更安静，才能带给人宁静感。一些味道，特别是街头便溺的臭气有损宁静感。

如何打造这样的一个声音绿洲呢？布局是非常重要的，因为如果能让噪声源头不出现在视野内，人听到的噪声往往就比较小。英国国家图书馆前面的广场就是一个很有趣的例子。广场正对着一条非常繁忙的街道，但是身处这座步行广场的人仍旧可以找到一些安静的地方，这是由于在街道前有一堵高墙。可惜的是，低频声音比高频声音更容易穿透墙壁，因此候客的公共汽车的隆隆声不时透过高墙传入人耳中。不过，如果这墙更高一些，更靠近马路一些，这个问题就可以解决了。

在安静的小巷，周围的建筑往往起到噪声屏蔽的作用。世界闻名的作曲家、广播艺术家泛音音生态学家、加拿大人希尔德加德·韦斯特卡普一次在伦敦完成声音旅行后与我见面说，这种“后巷里石质地面发出的轻轻的声音”只有在街道狭窄，建筑物距离很近的老城才能听到。北美的大部分街道都很宽阔，而且通风扇嗡嗡、吱吱的声音比比皆是。因此降低声源的音量是最有效的策略，减少汽车量和降低车速也是个好办法，或者可以通过修建更好的柏油碎石路和设计更好的轮胎减少汽车行进时的噪声。

在加强悦耳声音方面，水景观和喷泉发出的喜人的潺潺声和泼溅声也能掩饰不招人喜欢的交通噪声。香港极为拥挤嘈杂，即便如此，在市中心有一个公园，里面有一个巨大的鸟舍，在那儿你听不到任何人造的声音，只有悦耳的鸟鸣在耳边围绕。附近溪流的水声帮助隐藏了路上的声音，因此也听不到车辆的噪声。谢菲尔德（Sheffield）是英国钢铁工业的核心地区，那里出产的高品质餐具负有盛名。如今，作为电影《一脱到底》的外景地，这个城市的知名度更高了。这是一部黑色喜剧，讲的是一群失业但又急需用钱的钢铁工人组成脱衣舞班子的故事。在谢菲尔德火车站有一个巨大的喷泉（图 7.2）。我原本以为只有在那些宏伟的名人故居中才能看到这种大小和规模的装饰物。我常去谢菲尔德，目睹了这座巨大水景观从无到有，但是直到当地大学的一位音景专家康健（音译）向我指出其中的声学设计，我才注意到这些细微之处。高耸的流淌着闪烁光彩的水墙为广场屏蔽了过往车辆的噪声。此外，沿水流方向有一系列的大水池，向下流淌的水会经过这些水池。如果你站在合适的地方，就能听到这些池间的瀑布由于水流一会停止一会流淌发出类似蒸汽火车的噗噗声。这种不规则的流动能够吸引更多注意力，因为与持续的声音相比，从断断续续的声音中更难找出音调。这个瀑布从两方面减少车辆噪声的干扰：一方面物理隔离噪声；另一方面产生悦耳、吸引注意力的水声。

图 7.2　由西・阿普莱德公司的克里斯・奈特设计的喷泉的一部分。这座被命名为“前沿”（The Cutting Edge）的喷泉位于谢菲尔德火车站外，同时也是一座噪声屏障

我在索尔福德大学的同事比尔・戴维斯在做一个大型的研究项目，

研究城市中有益的声音设计。很合拍的是，他是我所见过的声音最轻柔的人，有时候他的声音小到我几乎听不到。比尔和他的合作者会带着其他人边散步边听周围的声音，问他们对城市广场的印象。他们还在实验室中为受试者播放声音，询问他们的偏好。结果显示，声音是否活跃和悦耳很重要。繁忙的广场人头攒动，不过如果你保持距离，比如说在广场边上的咖啡馆看人群穿梭，也可以有一种愉悦的镇定感。哪怕在有汽车时也是如此。相比之下，跟交通环岛差不多的城市广场缺少人群的唧唧喳喳声。汽车的噪声太一成不变和令人不快了。

研究者们已经证明了天然声音对健康有益，但是我认为比尔在声音活泼和悦耳方面的发现，说明科学家们忽视了其他对人类有益的重要声音——也许听到人类活动的声音也能减少压力。在咖啡馆中人们窃窃私语的声音让人放松，不会让人产生警觉。不仅如此，人在友好的环境下被其他人包围的时候应该也会产生积极的情感反应，毕竟人类进化成功的一个关键部分就是社会化。也许这可以作为未来研究的一个途径。

有一件事是确定的，对寂静的感受是非常主观的。在基尔德森林时，我觉得那里应该有天然声音，没有这些声音，那里显得特别荒凉。在莫哈维沙丘，四周的寂静让我感到入情入境，十分安定。从沙丘高处向四周俯瞰巨大的不毛山谷，我能想象到这种完全的寂静笼罩方圆几英里的情境。寂静随风时有时无，有时风声飒飒拂过我耳边，小虫偶或嗡声轻叫，间有飞鸟拍翅之声从空中传来。这些听觉的重点让寂静更显自然。

我的前同事、奥克兰大学的斯图尔特·布拉德利曾经去过南极。那里也是一片寂静的不毛之地。斯图尔特是一个高大的新西兰人，蓄着精致的小胡子，看起来好像是 20 世纪 70 年代的足球运动员。有讽刺意味的是，斯图尔特在南极的实验活动是制造噪声，破坏那里原始的天然音景。他使用声雷达（声音雷达系统）测量天气环境，过程是这样的：先发射奇怪的嘁嘁嚓嚓声，让声音在周围的不稳定空气中反弹，再用雷达测量其返回地面的情况。我问斯图尔特是否在南极遇到过寂静，他向我讲述了在干燥山谷的经历。那里可能是地球上最荒凉的地方，连冰雪都没有，他说："无风天在山谷的山壁上坐着，听不到任何声音（也许除了心跳声和呼吸声）。没有生命（除了我自己），也没有落叶。没有流水，也没有风声。我完全被这种远古之感震慑了。"斯图尔特将这种感觉与无声实验室相比较："我之前不理解有幽闭恐惧症的人在无回声室产生的那种恐惧……但是现在觉得我当时在那个极端安静的山谷里的那种体验就与这种恐惧类似，即便那里其实是个极为开阔的狭长地带（山谷两壁高 1500—2000 米，视觉效果宏伟壮观）。"

远离日常的一切和文明社会是静修的一个重要部分。声音生态学者约翰·德雷弗曾带我去听麻鸦的叫声（见第三章）。他建议我去体验一下静修，以便真正了解宁静。因此我在去沙漠一个月前进行了为期三天的佛教静修，并住在一座位于德文郡乡村的 18 世纪庄园中。我到了那里才发现，佛教徒周末每天要参加 15 个坐禅会，对我这具缺乏柔韧性的中年人的身体来说，接连几个小时采用不熟悉的姿势打坐真是很困难。每次听到表示下课的锣响，腰酸背疼的我都如蒙大赦。我实在应该在去那儿之前做些练习，为这种静态体操做好准备。

第一天，在静修课开始之前，导师要求我们告诉身边的同修者参加静修的原因。我告诉她我正为一本关于寂静的书做调研，她说她正遭受丧亲之痛。之后，导师告诉我们保持安静。那位静修者所说出的让我意外的信息，那对她心事的匆匆一瞥，让我在接下来的三天不能释怀。在接下来的12 小时，我说的唯一一个词就是课余在厨房遍寻不着后的发问："剩菜桶？"在随后的三天，我有限的谈话都发生在由导师主持的两个简短的问答会中。

在第一天傍晚，我对在住处走动但是保持缄默不语深觉怪异。房子里住着大约 50 人，所以我经常在走廊与人擦肩而过，或者与他人一起排队吃饭和使用卫生间，但是我们完全不交谈。那天我对陌生人微笑的次数超过了平时一个月的频次，但是仅仅用眼神交流让人感觉怪异、尴尬。

我们的晚餐是简单的佛家素食——碎豌豆汤和全麦面包（在让身体保持安静方面，这两种食物或许并不是最好的选择）。坐下就餐时，我发现对面是一位 45 岁左右的妇女。我不知道该把视线落在哪里。我们之间的距离很短，已经侵犯了对方的个人空间，无法开口打招呼让这种接近显得尤其有侵入感。不能闲谈让人感觉很奇怪。静修导师鼓励我们在共同的体验过程中找到让自己舒适的团体，以及在静默中找到慰藉。但是对我来说，这个过程很困难，我强烈地感到自己被冷漠的隔绝。

我们冥想的房间大小与小型教堂相仿，我们排成几排坐或者跪坐在地席上。为了坐得更舒服持久些，每个人的坐具都不同，有座垫、有毯子，还有小木杌子。导师在最前面，基本一语不发，偶尔开口给予指导。在入座准备开始第一次坐禅时，我才发现自己不仅身体准备不足，而且还不知道怎么冥想。导师一字一句慢慢地问道："你如何知道自己的身体的存在，现在……感受你的呼吸。"我在 20 年前学过自我催眠，大约在那前后我还曾通过练习亚历山大技巧（Alexander technique）纠正自己的体态，因此我尽量将这些方法与导师发出的暗示融合，进入冥想状态。

导师问我们如何得知我们“栖居在身体里”。除了不舒适感和呼吸之外，我对自身的意识来自于周围的声音。这静修地可不太安静！ 静修大厅的房顶是一个大型的鸟类繁殖聚集地，白嘴鸦哺育雏鸟的洪亮的嘎嘎声和叽叽声响彻大厅，间杂着乌鸫柔和婉转的声调和斑尾林鸽的咕咕叫声。还有不那么诗意的声音，有的是管道的汩汩声，有的来自胃，有的来自暖气装置，还有人们清嗓子时发出的咳嗽声。在之后的几天，我要学习的就是在冥想中接受这些声音，将它们作为练习的一部分。

在去静修地的路上，我读了一些讲述用意识技巧改变大脑神经网络的科学论文，其中描述了集中注意力冥想的阶段，这对我很有帮助，我也照做了。在开始阶段，你要集中注意力，比如说你可以注意你鼻端的呼吸气流。你会难以避免地走神。在意识到自己注意力分散的时候，你需要重新集中注意力。在不同的阶段有不同的大脑区域参与到这个活动中。在温迪·哈森坎普组织的一个实验中，受试者要在功能磁共振成像扫描机中冥想 20 分钟，同时接受大脑活动测量。实验者要求受试者在意识到自己走神以后，在重新集中精力之前按键示意。老练的冥想者在可能负责保持注意力和避免干扰的大脑区域中显示出了更大范围的神经网络连接。如果在人们开始常年练习冥想之前就出现这种活跃的连接，这证明他们适合冥想。或者这种情况是冥想改变神经结构的证明。注意力不仅对冥想很重要，它在认知过程中也扮演了重要角色。生活中的很多地方都要用到它，比如警觉、解除关注、重新定向和保持注意力等。

在从起初的几次坐禅中幸存下来后，我冲了一杯麦菊代咖啡（我敢肯定你现在开始流口水了），然后去了休息室。那里就像一间连电视都坏了的沉闷的老年活动中心。椅子都靠着墙，我们坐在那儿要么看杯子，要么看墙，要么透过窗户看外面慢慢变暗的绿色山峦。我于是决定早点上床。我与两个陌生人同屋，但我甚至不能跟他们说晚安。我好像身处一部 20 世纪 70 年代的情景喜剧，剧中人的婚姻—— 或以当下的状况来说，三位同性伙伴的内部关系出现了裂隙。我们在卧室轻手轻脚地走动，既不看对方，也不交谈，像夜间的船舶一样默默擦肩而过。

对一些人来说，在这种共同的沉默中存在的乐趣，是选择无所作为的自由。沉默中大家都是无名氏，因为你不知道身边的人姓字名谁、来自何方、以何为生等。在早餐的时候我停止沉思，环视周围，想猜测这些人的身份，但是大家身着的宽松、没有形状的冥想服几乎不能提供什么信息。一个年轻人穿着羊毛纱笼，戴着羊毛帽子坐在那儿，一个 30 多岁的妇女穿着扎染的上衣和紧身裤，还有一位上了年纪的男人留着山羊胡子，看起来好像是传统爵士乐团里的乐手。我感觉自己好像是被锁在一家全天然食品店里。

课程的一半是漫步冥想，要在户外进行，虽然外面寒嗖嗖的下着小雨，我还是更喜欢这部分课程。其主要的指导思想是在步行过程中注意双脚如何踏住地面，小腿如何移动，如何在每一步中绷紧。静修者们有意地以极慢的速度四下走着，一位骑自行车的路人从庄园外的小径穿过，盯着我们看。小鸟在合唱，近旁的一棵树上鲜花盛开，授粉的昆虫们发出恶声恶气的嗡嗡声与鸟儿相和。它们拍打翅膀的声音清晰可辨，从我的头顶上方传来。

在冥想课之间保持沉默可以帮助人们持续的集中注意力。在那个时候，我忙于集中注意力，以至于很难判断这种沉默可能带给我的影响。直到离开静修地之后，我才注意到这些影响。我在回家路上的火车站买的三明治，吃起来味道特别浓烈。

开始有越来越多的科学文献支持冥想可以改变基本感知能力的观点，但是还没有成果涌现，也没有任何成果显示冥想能对味觉或听觉产生影响。凯瑟琳·麦克莱恩和合作者已经开始视觉相关的实验。他们的测试对象是一群在科罗拉多州偏僻山区完成三个月佛教三摩地冥想的人。他们让这些静修者看黑色屏幕上不同尺寸的白色线段，把它们按长短分类。在静修后期，与对照组相比，静修者分辨线段长度的能力提高。五个月后，他们的感官也表现得更敏锐了。

在我从静修地回家后，我的家人纷纷笑话我，因为我一反常态的用轻柔的语气说话，并且走起路来慢慢悠悠。在静修完成后，我立即感觉到了这段经历的有趣之处，但是决定不会再次尝试了。然而在随后的几周和几个月，我的渴望在蔓延，想再用一个周末的时间置身在那种喧闹的寂静中，重回到那次回家时所处的那种安宁的状态里。

第八章　辨声识地

如果我问你，伦敦、巴黎或纽约的标志是什么，你可能会说出那些著名的地标性建筑的名字，比如国会大厦、埃菲尔铁塔或自由女神像。但是如果我问你标志性声音呢？你能说出那些定义一个地方、让它与众不同的关键声音，也就是它的声音标志吗？与地标一样，不同的地方有不同的声音标志：加拿大温哥华的煤气镇蒸汽钟不是用钟声表示整点，而是用汽笛声；在叙利亚城市哈马的奥伦特斯河上，有一种古代的水车，叫做戽水车，在缓慢旋转的过程中发出巨大的咯吱声；在美国西南部旅行时，美国国铁火车汽笛的刺耳呜呜声是我的旅程的标点。

对大不列颠来说，位于国会大厦钟楼的大本钟的哨哨声就是一种标志性的声音。大本钟的新年钟声几十年来都是新闻简报的开始音，并且在阵亡将士纪念日标志着两分钟默哀时间的开始。是什么让钟声如此特别呢？这一方面是社会原因（1000 年以来钟声具有重要的文化作用），但是这种声音本身也有特殊之处。听听钟声，开始它好像是简单的嗡鸣，但是其实是一种非常复杂的声音。为什么它始于哐当声？为什么其中有不和谐的颤音？在我们感知一口大钟的存在的过程中，敲击起到了什么作用？

在我走近国会大厦时，这些问题在我的脑海中回荡。在参观大本钟的那天，冬日的阳光在钟面周围的鎏金装饰上闪耀。这座哥特复兴式塔楼的外部是一座巨大的维多利亚式大厦，对电影导演来说，这里是描述“如今在伦敦”的一个必拍场景，但是其实这座建筑的内部是很实用的。走过

300 多级盘旋的狭窄石阶，就到了钟楼。在往上走了一半的时候，我们在楼梯间的一个小房间稍事休息。在那个时候，我们的导游凯特·莫斯向我们介绍了这座 19 世纪中叶建造的大钟建筑背后的宏大工程。

当时的皇家天文学家乔治·艾里爵士定下了严格的标准。每个小时第一次敲击的精准度必须在一秒以内，而且他坚持让人每天给他发两次电报，以便他测定钟的时间。这样的精确度比现在的很多相似的钟都要高，而且很难达到，因为风会推动这座 3—4 米高的铜钟，改变它转动的速度。诉讼律师埃德蒙·丹尼森同时也是一位天才的业余钟表匠师，他想出来一个解决方法，那就是格里姆索普擒纵器，这种装置可以将钟塔中间的巨大钟摆与其他部分分隔开，抵消多变的天气所带来的影响。

休息片刻后，我们爬过更多台阶，最终在钟面背后的一个非常狭窄的走廊停步。钟表的机械装置发出一声哐啷声，说明钟表下一次的敲击是在两分钟之后。于是我们迅速走过钟楼的最后几级台阶。这是一个简单的功能性空间，里面有脚手架和木质的走道，由于完全露天，刺骨的寒风呼啸而过。

这座伟大的钟高 2.2 米，直径 2.7 米，重 13.7 吨。由于我们站在离它只有几码远的地方，凯特分发给我们耳塞以保护听力。钟楼四角的四座钟在大钟敲响之前先发出著名的威斯敏斯特钟声。凯特提示我们，在听到第三座小钟响的时候就可以戴上耳塞了。在四角的钟敲响威斯敏斯特钟声后、大本钟发出铛铛声之前有一段不短的间歇时间。期间，我越来越期待和兴奋。一个 200 千克重的巨锤慢慢向后摆，随后向前猛冲，敲向钟的表面。即便戴着耳塞，这种强大的力量仍旧震动了我的身心内外。它发出的声音让我胸腔里的空气发生了回响，好像夜总会里强烈振动的低音贝斯。

我有 10 次听钟响的机会，因此可以细细研究铛铛声的音质。最开始是一声金属相互撞击的叮当声，随后渐渐减弱成为低沉洪亮的钟鸣声，持续大约 20 秒。最初的锤击产生大量高频声音，但这些声音很快消失，只留下一种更柔和的低频钟鸣，形成慢慢回旋的颤音。

一个音符的开始，即它的“起声”可能只持续很短的时间，但是极为重要。我会吹萨克斯，在练习演奏的时候，为了干净利落的吹出一个音符，我花了大量时间协调肺部气流，以及练习精确地在簧片上使用舌头。对于拉小提琴的人来说，起声的好坏取决于开始使用弓的动作；只要听听那些正在学琴的人拉琴，你就能明白起声拉不好会发出什么样的声音了！单独的声音的存在，很大程度上由起声决定。大本钟的叮当声与那悠长的颤音以及威斯敏斯特钟鸣曲一样，都是它独特的声音印记。

在听到大本钟的清脆起声的 8 个月后，我听到了一种完全相反的声音艺术作品。世界上只有不多的几座永久性的声音艺术品，其中的三座是波浪管风琴，分别位于美国的旧金山、克罗地亚的扎达尔和英格兰的布莱克浦。布莱克浦是那种典型的英格兰海滩度假地，有炸鱼和薯条店、游乐拱廊和几英里长的沙滩。人们对这个地方有两种观点：或把它看做俗气的娱乐圣地，或把它看做没品位的象征。

我到布莱克浦的那天是个典型的英国夏日，我不得不穿上防水夹克以抵挡从爱尔兰海吹来的冷风，只有几缕阳光断断续续地透过云层射下来。管风琴位于一座停车场后面，靠近滨海的散步道，路对面就是英国高度最高、速度最快的过山车，尖叫声依稀可闻。一座 15 米高，形似一片正在展开的春日蕨叶的狭窄、生锈的雕塑，是这座管风琴最引人注目的部分（图 8.1）。因为雕塑后面的位置比较避风，这里成了一个受欢迎的歇脚和吸烟的地方。在我刚到这里的时候，管风琴只偶尔发出呻吟声，一位路过的女青年说：“听起来像牛的呜咽声。”

在生锈的蕨叶叶端，我看到了几根管风琴的管子，跟教堂管风琴里的那种一模一样。为了看得更清楚些，我爬上了高高的防波堤。在混凝土的防波墙下面有一组黑色塑料管，一直深入到水下。海水涨潮时会压缩塑料管中的空气，将其上推到蕨叶中的管风琴里。跟教堂管风琴一样，被海水推入风琴管底部的空气在管道侧面的一个长方形裂隙下面压缩。空气的快速喷射使得管道主要部分中的空气回响，发出音调。

对任何管风琴来说，空气只有快速达到喷射速度才能让琴管发出干脆利落的乐音。但是这座管风琴由涨落不定的海浪推动，因此发出的音调含混不清，声音消失的时间飘忽不定。这也是它为什么会发出这些呻吟声和呜咽声的原因。

图 8.1　位于布莱克浦的满潮管风琴

布莱克浦管风琴是潮汐情况的声学演绎，就像它旁边牌子上写的，是“大海的音乐表达”。所以我在附近等着，想看看退潮的时候会发生什么。大约半小时后，潮水回落，塑料管道中的水的活动愈加活跃。管风琴的高音琴管开始发出声音。现在整体的声音效果好像懒洋洋的管弦乐队模仿火车汽笛，或是一堂噩梦般的竖笛课程的慢回放。

又过了半个小时以后，水面的高度刚刚覆盖塑料管，管风琴这时候非常活跃。它快速地发出随机的音符，听起来几乎像是曲调了。琴管是定弦的，所以各个音符可以搭配在一起，但是整体来说它发出的声音让我想起自己十几岁的时候用计算机编的曲子，大部分人是不会长时间听这种曲子的，因为音调的风格实在是太没有规律了。我们在本书第七章说过，音乐通过推翻我们的预期吸引我们。我们的大脑喜欢听到意外的声音，但是这种意外是在一定范围内的。听者在头脑中有一个内在的图表，表达他们认为音乐应该是怎样的，虽然它在音乐进行过程中是可以被推翻的，但是潮汐管风琴发出的随机的音符实在是太不可预测了。如设计这个作品的艺术家利亚姆·柯廷所说：“它将影响周围的音乐环境，但是不会对流行乐产生影响。在暴风雨天气里，管风琴的演奏听起来野性癫狂，在风平浪静的天气则比较轻柔。”过了一会儿，随着海面下降到海滩上的塑料管以下，管风琴回归沉寂。

无论是发出呜咽声的波浪管风琴、常规乐器还是大本钟，声音的起声都能帮助我们分辨声源。如果把音符组合的开始部分人为地消除，小号、提琴还是双簧管发出的声音就会非常相似，都像 20 世纪 80 年代的早期电子音响合成器的作品。在声音开始部分，琴弓擦过琴弦，或分开双簧管簧片的气流的响动，是我们分清到底是哪个乐器在演奏的重要的线索。在听大本钟钟声的时候，在钟锤敲击后声音频率的快速变化，直至最后铛铛声形成，是我们分辨钟声的第一个线索。

很多大型的钟都会发出颤音。在听到大本钟钟声 6 个月后，我听到了路瑞溶洞的大钟乳石风琴奏响（见第二章）。那近在咫尺的钟乳石形状难以形容，发出的两个音符基本频率一致。这种一致的频率导致的颤动被称为“震颤”，如图 8.2 所示，它是由声波的简单叠加造成的。我分析了音符的响度，分别是 165 和 174Hz。这两个声音的频率非常接近，所以人耳中听到的是一个 169Hz 的均值，其响度快速变化，速度取决于两个频率之间的差别（在这里是 9Hz）。因此在钟乳石本身的声音之外，出现了一个细微的颤音，使得音符听起来有点科幻飞船的感觉。

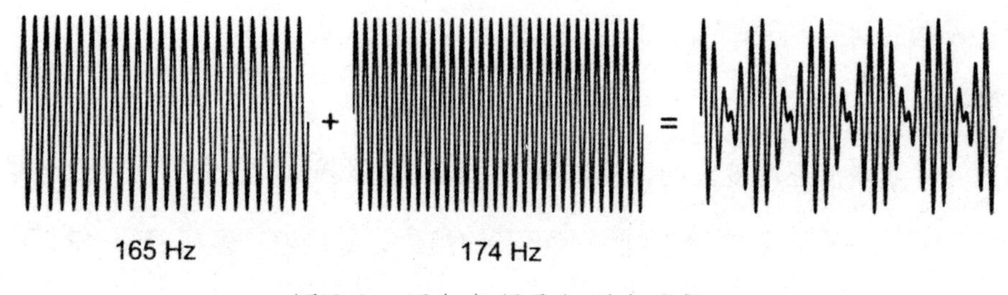

图 8.2　两个音调叠加形成震颤

吉他手通过震颤共鸣来给乐器调音。他们按住低音弦（6 弦）的五品音位（国际标准音 A），放空吉他的次低音弦（5 弦），然后同时拨动这两根弦产生音符。（因为在正常情况下，6 弦的五品音与 5 弦的空弦音为相同的音，也就是振幅频率是一样的，可以以此来作为调弦的依据。）如果这两个音符略微走调（即不在同一个频率上），它们会因为震颤产生颤音。适当调节其中的一根弦，能让两个声音在频率上更接近。在频率相差约 1Hz 的时候，震颤的速度已经慢到像人声在说“喔喔喔”了。音调频率越接近，震颤就越慢，在两根弦音调一致的时候，震颤消失。

对于钟来说，对称性或者缺乏对称性是产生颤音的原因。如果钟不是完美的环形，它的响声是同时发出的两个相似频率的声音。在铸造新的教堂用钟的时候，西方的铸造厂一般会避免出现这样的颤动。但是在韩国，这种颤动效应是声音质量的一个重要部分。圣德大王神钟铸造于公元 771 年，它更为人所知的名字是“爱米莱”钟，意思是幼童的哭泣声。传说铸造这口钟的人为了将钟铸成环形，用女儿祭钟。大本钟的响声很有特色，也是因为它由于不是完美的环形而产生两种频率的声音，它的一处裂隙肉眼清晰可见。在钟第一次安装好不久，一面就出现了一个大裂缝。乔治·艾里指导工作人员将钟转向，让裂隙远离钟锤击打的部位，并使用了比较轻的钟锤，然后在裂隙两端制造了两道利落的方形破口，阻止裂隙扩大。

大本钟的逐渐变弱的钟声与风、弦和铜管乐器演奏出来的长音相比并不动听。一个音其实是不同频率声音的组合，其中有“基础音” 和“和音”（泛音，overtones），后者让声音有特色，并会改变音质。虽然单簧管和萨克斯都是用单簧片控制的管乐器，但是单簧管的低音听起来“发木”，与萨克斯的声音大相径庭。单簧管的管子是圆筒状的，因此它产生的和音与萨克斯用圆锥形管产生的和音类型不同。比较乐器和钟之间的和音可以帮助你了解声音的不同之处。

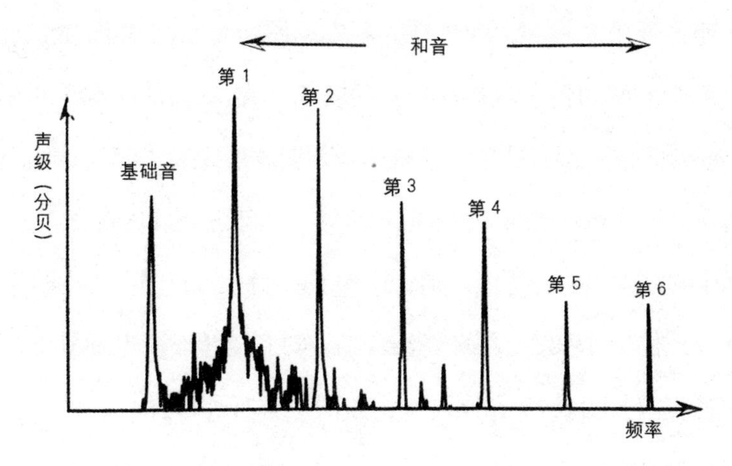

图 8.3　萨克斯发出的音符

（有时候基础音被称为第一和音，在这种情况下随后产生的峰值则被标为第二、三、四……和音）

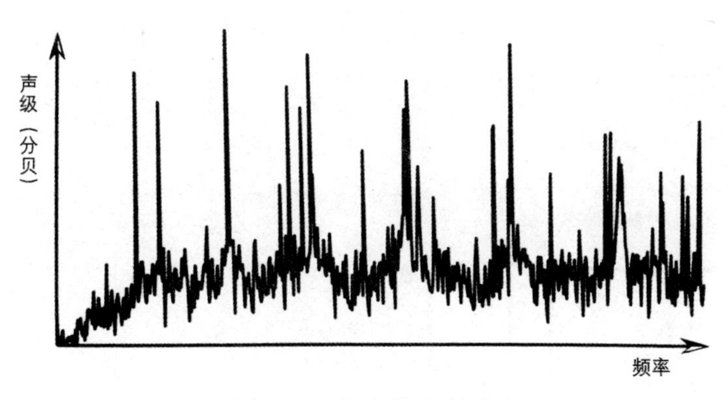

图 8.4　大本钟的钟声

图 8.3 展示的是对我用高音萨克斯吹奏出的一个音符的分析。如图显示，左边的是基础音，右边的是一系列的峰值，表示频率清晰且间隔规律的和音。相比之下，图 8.4 中对大本钟钟声的分析揭示了一片不规律分布的峰值。这些和音之间的相互作用是钟声中包含不和谐的金属声的原因之一。

两个同时被奏出的音符好像在打架，相互冲撞，这就被称为不协和音。西方音乐的核心，就是令人不安的不协和音与和谐的和音之间的转换。一个很好的例子就是在每首赞美诗结尾人们唱的那声“阿门”，“阿”的音好像还没有结束，只有在音调变成最后的“门”音时，声音才变和谐。这种从不和谐变得和谐的感觉是人们普遍比较喜欢的。

两个同时发出的音进入耳道，产生了我们听到的声音。我们对混合声音的反应，在某种程度上由和音结合谐波对齐的频率决定。在纯五度这样简单的音程内（图 8.5），同时奏出的两个音符和谐悦耳，在这种情况下两组和音的频率间隔是有规律的。

但是对于不协和的音程，例如在大七度音程中，两个音调产生的和音是不一致的（图 8.6），有些峰值间隔比较小。在内耳中，振动转化为电子脉冲，相似频率的声音在叫做临界频带的音域里被一起分析。如果两个和音处于同一临界频带但是不是同一频率，那么就会产生刺耳、不协和的声音。

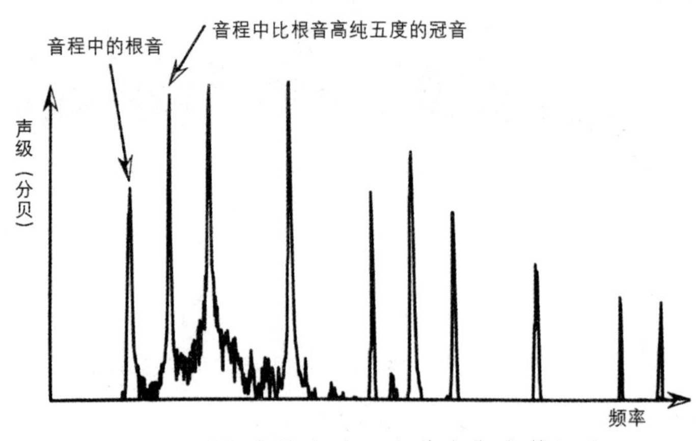

图 8.5　听起来协和的两个萨克斯音符组合

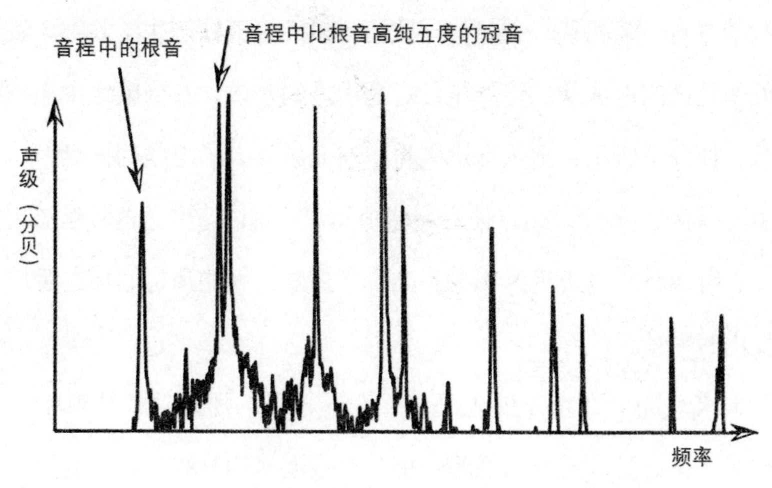

图 8.6　听起来不协和的两个萨克斯音符组合

不协和音及和音也被用于声音艺术。“和谐的田野”（Harmonic Fields）是由法国作曲家皮埃尔·索瓦若创作的一座艺术品，在去参观大本钟的 6 个月之前，我去参观了这个作品。它位于靠近湖区的阿尔弗斯顿附近的山峰波克瑞格考门，我坐在大巴车里，在距离很远的地方就看到了林立的风动乐器矗立在山顶。在中世纪，这样的高地应该是建城堡的好地方，现在这里是一个捕捉西风的最佳地点。下车后，我在往山上爬时心中有一丝恐慌，因为空气好像纹丝不动，我很担心乐器不能发声。不过在接近高高的脚手架，看到上面下垂的金属枝丫上挂着各式小玩意儿的时候，我放心了——它发出的嗡嗡声已经传入了我的耳朵。

“和谐的田野”是一座巨大的艺术作品，由成百上千的不同种类的乐器组成。它的外观没有丝毫魅力，看起来就像毫无规律的四散分布着的工业用电线、球体和脚手架。艺术家要求来访者不要拍照，而是把注意力放在声音上。我走之字形穿过一排排的垂直竹竿，它们发出的哨声好像服了鸦片制剂的人吹奏的排箫合奏。之所以产生这样类似笛子的乐声，是因为阵风吹动竹木边缘的狭长裂口，导致竹子里面的气柱产生了共鸣。我沿着一条好像拉链的电线从头走到尾，走到中间的时候，看到电线中央连接着一面鼓，便停下脚步，把头探进去看。这面鼓放大了电线的振动，产生比中央 C 音调略高的音，与吉他音域的中间音符相仿。但是这种嗡嗡声并不连贯，它时大时小，声音像用潮湿的手指擦着较大的葡萄酒杯边缘快速移动时发出的声音。

我最喜欢的一件乐器外表简单，毫不起眼。那是几根塑料带子，系在数座三脚架之间，看上去像晾衣绳。在走近它的时候，我一直朝上看，空中有一架路过的直升飞机，我认为飞机的噪声破坏了我录音，然后我才发现那“呜呜”的声音原来是带子本身发出来的——它们扮演着风神的竖琴。

在风刮过电线的时候，电线上下的空气不得不为了通过而加速。空气流从电线前面快速流到电线后面的空间，在以下两种状态间转换：首先从上面来的气流填充这个空间，随后是从下面来的气流。这种气流的变换使得电线来回振动，并产生音符。在空气大规模流过岛屿时也会出现同样的现象，如图 8.7 所示的卫星云图。风神竖琴发声的频率和响度会随风速高低变化，因此音调永远不同。

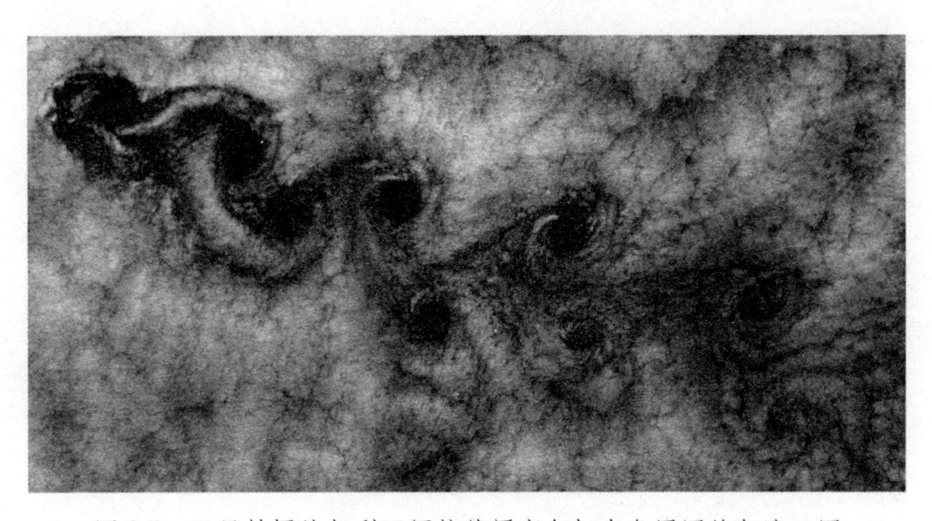

图 8.7　卫星拍摄的智利亚历杭德罗塞尔柯克岛周围的气流云图
（岛屿位于图片左上方。其后方的漩涡是震荡余迹（oscillating wakes），
一种乱流的视觉表现）

有一次我在电台做节目，节目的名字叫做“绿色的耳朵”，讲的是花园里的声音。所有我采访的专家都说他们很讨厌风铃声。对那些园丁来说，“和谐的田野”里面的有些部分将会是个风铃地狱，在那儿，数个涡轮不停地推动木槌疯狂敲打林立的钟琴。皮埃尔·索瓦若将整个“和谐的田野”看做一个音乐作品，将其描述为“一次有 1000 件风神乐器和移动的听众的交响游行”。因此这些风动乐器都进行过细致的调音，能演奏出特定音符。这些音符的组合在有些地方是悦耳的泛音，而在另外一些地方则是荼毒耳朵的不协和音，听起来好像一大群昆虫的嗡嗡声。

由于和音及不协和音是音乐的基础，在讨论人类为何在进化中产生对音乐的爱好时，它们也扮演了重要的角色。托马斯·弗里茨是位于德国莱比锡的马克斯普朗克人类认知和大脑科学研究所的科学家。他想知道从未听过西方音乐的人对和音和不协和音有什么反应，因此去了喀麦隆研究玛法人。玛法人生活在曼达拉山脉的极北边。最偏远的玛法人聚居地没有电力供应，而且由于外界的人害怕患上疟疾传染病，那里的外来人口很少，在文化上是隔绝的。玛法人在典礼上会发出一种声音，托马斯曾经为我演奏过。它听起来像老式汽车喇叭的不协和合奏，但是这种声音其实是通过用力吹笛子发出来的。托马斯分别为非洲土著人和西方人播放了各种各样风格的音乐，从摇滚乐到玛法人的仪式音都有，还包括所有声音经过电子处理，变得持续不协和的版本，最后比较两组人的反应。比起人工处理过的电子音，两组人都更喜欢不协和音更少的原音。

从西方观点来说，这个情况很容易解释。我们不喜欢不协和音，是因为这种偏见已经“嵌入”大脑，而这种偏好又构成了作曲的基础。但是最近，有些科学家指出，很多文化实际上是喜欢不协和音的。我曾在 BBC 电台节目中采访过德西丝拉娃·斯特凡诺娃，她是伦敦保加利亚合唱团的团长。她和同事展示了一种技术叫做“钟声唱法”，他们两人分别唱出一个音符，这个组合是我听过的最强的不协和音。对这个声音的分析显示，这两个音调占据了内耳的同样的临界频带，但是频率间隔最大化了不协和音。不过，歌者没有将不协和音转为和音，反而任其在空中飘荡。他们挺享受这个不协和音，觉得没有必要让它变成和音。

在考虑过目前的证据后，我认为人类最初觉得和音悦耳，不协和音让人厌恶，但是这种天生的偏好会由于在生活中听到的音乐而发生改变。早在胎儿在孕期的最后三个月在子宫里能听到声音时，这种改变就开始了。这又引发了一个问题：为什么我们一开始就喜欢和音。什么样的进化驱动因素导致了这种偏好？虽然新闻中常常把人类的特征归因于进化，用科学确定的事实穿透时间迷雾回顾这个过程却往往是不可能的。但是这不能阻止我们推想。一个理论是，这是人们训练听觉系统在嘈杂的地方听懂语音时获得的副产品。要知道，说话和唱歌的关系是很近的，在发音过程中，元音差不多都是以唱的方式发出来的。这个理论与实验心理学家史蒂文·平克的观点吻合。他对音乐的描述——“听觉的乳酪蛋糕”广为流传。他认为音乐虽然令人愉悦，但是没有自适应功能，是其他进化压力，如学习语言的压力下的副产品。

但我觉得很难相信音乐不为进化目的服务。查尔斯·达尔文认为音乐是一种性展示，与动物发出的精致复杂的求偶叫声同出一辙。例如，澳大利亚琴鸟就具备精湛的歌唱技艺。雄琴鸟在雨林中搭建一个舞台，随后在上面倾情演唱最动听的歌曲，这种曲子集他所有听到过的声音为一身。他能模仿大约 20 种其他物种的声音，包括鞭鸫、笑翠鸟的叫声，甚至照相机快门声、汽车喇叭声和伐木者的电锯声。但是，虽然音乐常常与爱和性有关，它所涉及的远不仅如此，已经发展成为与生殖分离的抽象艺术。在我去观看约翰·凯奇的作品《4 分 33 秒》时，我有一种强烈的与其他的观众共同协作的参与感。牛津大学的罗宾·邓巴认为，音乐在建立社交联系方面有重要作用，而人类协同合作的能力是我们进化成功的原因之一。音乐还在发展亲子关系上起重要作用，从安抚的儿歌到音调变化夸张的儿语，都能帮助婴儿学习语言。

无论我们对音乐的热爱源自何方，它都对我们有着强大的影响力。它比任何其他已知的刺激都更能使大脑活跃。我们喜欢的音乐能够使大脑奖励中心兴奋，释放化学信息素多巴胺。同样能引起这种反应的、让人愉悦的活动包括性交、进食和吸毒。我的大脑也用这种方式对大本钟的铛铛声产生反应了吗？神经科学家还未深入研究我们对钟声和其他标志性声音的反应。但是基于我们对天然声音和其他相似声音产生的情感联系，我推测，在我们的愉悦感和标志性声音之间，乃至与轻微不协和的大本钟颤音之间，存在神经化学联系。

诸如城镇的大厅、教堂和修道院这样重要和有威信的场所，都使用钟声来标志时间、宣布宗教仪式开始和标记重要的历史性事件。敲响钟声的作用可能是警告危险来临，号召民众装备武器，庆祝军事胜利，或向洗礼、婚礼和葬礼这几个生命的不同阶段致敬。阿兰·科尔宾的研究方向是 19 世纪法国乡村钟声的作用。他用有力地论据证明，声音的覆盖区域从社交和行政方面界定了当地社区的界限。钟声被用来表示一天工作的结束，因此镇上的居民需要停留在能听到钟声的地方。

虽然教堂钟声在全世界都能听到，它们一般来说仅是钟被敲响的声音而已，钟鸣响的方式是钟口向下悬挂，钟锤在钟内来回弹动。在英国，敲钟人使用一种不同的敲钟方式，发出了典型的英式钟声，被称为“鸣钟术”。这种敲钟技术起源于 16 世纪，每个周末在英国各地的教堂都能听到。鸣钟术用一组钟制造出有韵律的钟乐，这些乐曲听起来像是史蒂夫·赖克或菲利普·格拉斯作品这些极简抽象主义音乐作品的始祖。

我一直想了解更多有关鸣钟术的知识，因此在出发去参观大本钟的几个月之前的一个秋日的下午，我去了我家附近的一个教堂。圣雅各教堂是一所哥特风格的乡村教堂，为曼彻斯特的几个远郊区域服务。我走过门前的果酱蛋糕摊和中堂的婚礼展览，爬过极为狭窄的盘旋楼梯，俯身通过低矮的小门，最后到达了钟室。从天花板上的洞垂下六条粗绳，每条上面都有羊毛混纺的把手，或叫“萨利”。博学的敲钟人保罗向我解释了鸣钟术的做法。另外一位热情的敲钟人约翰给我看了他放在桌面上的模型。我还通过网络摄影机观看了钟楼上的敲钟过程。

每条绳子都通过天花板上的洞连接着一口钟楼里的铜钟。虽然圣雅各教堂的 6 口钟能够发出形成音乐的主要音符，但演奏乐曲并不是目标。一个由 6 位专精鸣钟术的敲钟人组成的团队拉动绳子，用一种数学模式以不同的顺序敲响钟。在保罗对面是一块白板，上面满是让人迷惑的网格，里面有彩色的数字，相互之间用线条连接，显示了钟即将要被敲响的顺序。就像保罗说的，敲钟是一个需要纪律和严格管理的过程，期间得要“保持耳朵的灵敏，眼睛紧盯白板”。

在敲钟之前，约翰用绳子把钟翻过去，让钟口朝上。钟保持这个姿势直到约翰再次拉动绳子，让钟翻回去；之后它转一整圈，再次钟口朝上。之后约翰再次猛拉绳子让钟往另外一个方向转一整圈。这些钟都非常重，约翰告诉我，我得要和它合作，而不是与它对抗。因为我从来没做过这个，我只能从一半开始，也就是钟的回程。约翰将把钟拉到钟口向上的位置，我只要把它从另外一个方向拉回来就可以。长绳在我的两腿间摇晃，我用拿板球球拍的姿势抓着被称为萨利的绳把手。在约翰拉动绳子让钟向前翻滚时，惯性让我的双臂举高到头部的位置，我竭力想把它拉回来，但是发力时间完全不对，没能拖动钟转一圈。又试了几次后，我才让钟发出了响声。在钟刚开始向正确的方向倾斜的时候，长距离的轻拉才能让它回来，然后转一整圈。

为了知道更多有关大众对钟乐的反应，我向声音艺术家彼得·丘萨克求助，他从大约 10 年前开始探索大众对伦敦的声音的反映。他的探究技巧看似简单。他仅仅问道：“你最喜欢的伦敦的声音是什么，为什么？”这个问题不仅能帮彼得找到值得录制的声音，还揭示了不少私人的声音故事。这个叫做“最喜欢的声音”项目现在由其他人管理，已经扩展到全球多个城市，包括北京[①]、柏林和芝加哥。

在伦敦，回答彼得问题的人大多提到了大本钟，但是不总是指实际的钟声。人们记起的是在不同的敲击之间的空当——那段期待着下一响的片刻时光。在这段时间里，听觉皮层因为向注意力下达等待声音的指令，从而增加了活动性。我在钟楼里就对此产生了强烈的感受。在街上听到的大本钟的声音与在钟楼中听到的是大不相同的，原因是钟声的影响被车辆噪声削弱了。在 150 年前，这座伟大的钟第一次敲响，当时的伦敦市民能从比今天远得多的地方听到钟声。由于城市噪声笼罩，如今的标志性声音的影响范围变小，只能拘于本地了。

伦敦人，或说工人阶级的东区人，因为他们的富有韵律的俚语而著名，比如他们口中的“苹果和梨”指的是“楼梯”，“两盘肉”指的是“双脚”，“麻烦和争吵”指的是“妻子”。真正的伦敦东区人出生在圣玛莉里波教堂的钟声范围内。但是一项声学研究显示，东区人可能很快要“棕面包”（死掉）了，因为现在能听到圣玛莉里波教堂钟声的区域范围已经很小，而在这个范围里已经没有妇产医院。在 150 年前，伦敦像现在的乡村一样安静，晚间的噪声水平可能只有 20—25 分贝，很有可能在 8 公里范围内的人们都能听到钟声。现在车辆、飞机和空调的噪声使得伦敦的噪声水平通常在 55 分贝，钟声最远也就能让一两公里内的人们听到。

在去参观大本钟的 6 个月前的一天，我身处距离圣玛莉里波教堂仅 500 米的地方，听一座叫做“柯替氏器”（Organ of Corti）的声音雕塑

① 在中国这个项目叫做“都市发声”，于 2005 年在北京、广州、重庆和上海展开。——译者注

（图 8.8）发出的声音。这个作品的设计者是弗朗西斯·克罗和大卫·普赖尔，设计目的是塑造和回收环境噪声，比如模糊了伦敦钟声的车辆噪声。“柯替氏器”由 95 根透明的垂直丙烯酸圆柱组成，每根圆柱直径约 20 厘米，高 4 米。这个作品的名字来源于听力器官耳蜗的内耳部分的名称。我觉得这座雕塑像一个巨大的塑料儿童玩具，里面圆柱林立，映射出过往行人变形的身影。

这座雕塑的设计利用了一个科学规律，而这个规律就是受另外一个艺术作品启发得来的。尤西比奥·森佩雷的作品“管风琴”（Órgano）

于 1977 年在马德里落成，它是一座大型雕塑，由呈环形分布的垂直钢制圆柱组成。直到 20 世纪 90 年代，经过马德里材料科学研究所的弗朗西斯科·梅瑟奎尔和他的同事的测量，人们才发现这座抽象极简主义雕塑能够改变声音。梅瑟奎尔主要的工作方向是光子晶体，即改变光线的微小结构。向这种晶体照射白色光线，有些颜色会被困于晶体内，不能穿透到另外一面。如果你拿起一根孔雀尾羽，用手指扭曲它，你会注意到羽毛的颜色发生变化，这种色彩变化的原因是羽毛中精微的循环结构。在自然中，蝴蝶翅膀、乌贼身体和蜂鸟羽毛的这些最为夺目的颜色都不是由色素构成的，而是光子晶体。

与声学专家海梅·利纳雷斯的谈话让梅瑟奎尔意识到，如果光子结构是累积成的，他们可以制造声学晶体，阻止特定频率的声音穿过。在 2011 年，我发现声学晶体会在阻止某些频率的同时强烈的反射部分频率的声音，就像蝴蝶翅膀的色彩变化一样（不同的是制造出了令人不快的声音）。“管风琴”整体宽约 4 米，圆柱均匀分布，中间的距离约 10 厘米，对梅瑟奎尔和利纳雷斯来说正是规模合适的实验品，可以用它来测试他们的观点。

梅瑟奎尔在雕塑一边放置了一台扩音器产生噪声，在另一边放置了麦克风以证实他们的猜想。由于带隙（band gaps）的存在，声音的有些频率将无法穿过圆柱阵列。造成这种效果的原因是干扰。英国医生托马斯·扬在 1807 年首次解释了干扰现象。扬是位少年天才，19 岁之前他就能说 14 种语言，并且开始接受医学训练。他的经典的双裂缝实验至今还用于学校的物理教学中，示意图见图 8.9。当单色光通过两个裂缝的时候，某种模式的光暗交替出现在屏幕上。在有些地方从两条裂缝传出的两段波的波峰和波谷重合，产生了相长干涉（constructive interference），于是映射出明亮的光区。有时候两段波的波峰、波谷交错，相互削弱，即为相消干涉（destructive interference），并因此产生暗淡的光区。

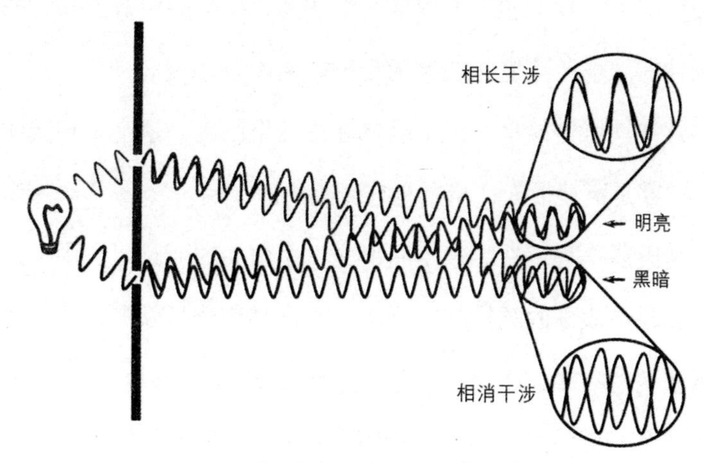

图 8.9　托马斯·扬的双裂缝实验

声音实验会显示同样的效果。实验道具包括扩音器和有裂隙的屏幕。屏幕上裂隙之间距离可以更远，裂隙的数量也可以更多。甚至可以用多个打了孔的屏幕，保持间隔一张一张排列起来。如果移开屏幕，并在原本有裂隙的地方放一个圆柱，这个圆柱就相当于尤西比奥·森佩雷的雕塑。在双裂隙实验中，相长干涉和相消干涉决定了穿过圆柱阵的声音是什么样的，因为在穿越过程中，有些频率的声音被困在圆柱阵中，在圆柱中间来回振动而无法出来。

在发现声学晶体能够阻挡声音后，实验者们马上开始检测它们是否能作为噪声屏障使用。但是晶体只能削弱少数特定频率的声音。而木质和水泥的坚硬屏障几乎总是能更有效地阻挡多频率的噪声。我在索尔福德大学的同事奥尔加·乌姆诺瓦一直在实验一种声学黑洞，它能够吸收更多频率的声音。黑洞也是一个晶体圆柱阵，但是圆柱的直径在柱阵的边缘逐渐递减，结果就是外缘的部分引导声音进入核心部分的传统吸音材料。媒体也注意到了声学晶体，因为它们对声音的作用等同于哈利·波特的隐身斗篷。一般情况下，我们通过听到从一个物体上反射的声音感知它的存在。包围住物体的“隐声斗篷”能够优雅地弯曲声波让它们绕开，让人耳听不出物体的存在。可惜的是，声学晶体往往体型巨大，这个设想无法实现。晶体大的原因是声波很大，特别是与光相比。

“柯替氏器”为了在雕塑中间形成一个弯曲的通路，少用了几根丙烯酸圆柱。如果是规则的圆柱阵，这座艺术作品应该可以扩大部分频率的声音，和削弱其他频率的声音。但是我选择的做聆听伦敦实验的日子不好。那天有工人用风钻钻路面，在我努力想听出噪声在阵中的细微变化的时候，风钻声停了，之后又断断续续地随机响起。在这种情况下，是没有办法听出声学晶体的效果了。

那年深秋，因为伍斯特音乐节，这座雕塑被放置到塞文河的一座拦河坝附近。瀑布的持续不断的声音为听出声音的变化提供了良好条件。弗朗西斯·克罗告诉我在从雕塑内往外走的时候效果更明显。在走进这个建筑物的时候，圆柱阵只转移了噪声中的少许特定频率的声音，但是这种程度的减少很难听出来。在向外走的时候，这些被转移的声音再次出现，人耳就能听出来这种变化了。这是很有道理的，因为我们的耳朵天生是一种早期预警系统，容易听到新声音，而不是感觉到小幅度的声音减弱。

弗朗西斯对我说，他创作这个作品的动机之一是改变人们听的方式，他说：“我的方式是听现有的声音，但是这些声音是被建筑物构造的。”这是声学版的“天空”。“天空”是詹姆斯·特里尔的一个作品系列，所有作品都是个大房间，参观者在房间中透过天花板上的裂缝看天空，裂缝构造了光和空间。“柯替氏器”构造了我们听声音的方式。欣赏这座作品需要时间；在水坝附近，人们很容易流连忘返和进入冥想状态。一位参观者将这种观点发扬到了极限，他花了半个小时在雕塑中间，之后评价说：“我创造了自己的交响乐。”另外一位说在其中听到的潮水涨落声“让人迷失方向”。快速体验声音艺术是很难的。观众对视觉公共艺术匆匆一瞥可能有所收获，相比之下，参观者如果仅仅与声音艺术品短暂接触，可能所获不多。

很多极简抽象主义雕塑都能扭曲声音。安尼施·卡普尔的作品中有几件是巨大的凹形光面镜。我去曼彻斯特艺术馆看过他的作品“她的血”（Her Blood，1998）。作品由三个巨大的凹面碟组成，每个碟子直径 3.5 米，靠着艺术馆的墙壁垂直站立。其中两个是磨光的镜面，第三个被染成深红色。在参观者走向碟子的时候，反射出来的镜像是扭曲的。从远处看，人像被挤压在碟子底部；走近以后，突然间人像形成了一个覆盖整个碟子边缘的环形。在这个位置，参观者所处的位置既是这个碟子的光焦点，又是它的声音焦点。艺术馆工作人员知道反射能够扭曲声音，所以他们鼓励参观者对着碟子说话。

“她的血”中的凹面碟与托伊弗尔斯贝格的雷达天线罩同出一辙。相比之下，理查德·塞拉的大型作品制造的声音变化之大令人震惊。这座艺术品被收藏在位于西班牙毕尔巴鄂的古根海姆博物馆中。它简直像一个可操控的大型音效装置。“时间问题”（The Matter of Time，2005）是一座由 7 个巨大雕塑组成的装置，这些雕塑由螺旋物体，蛇状盘旋的带状物和带着蜿蜒曲线的生锈钢铁组装而成，向上延伸很多码远。棕色的金属墙斜刺上升，形成了几条弯曲转折的狭窄过道，有时候转角形状近似一个倒

V 形。人在里面行走时，空间感和平衡感都被扰乱，仿佛身处一个巨大的钢铁迷宫，在转角就可能撞到从奇境来的爱丽丝。

我参观的时候，艺术馆充斥着小学生唧唧喳喳的聊天声。在进入其中一些作品时，我能听到进入部分封闭空间的效果：周围的噪声安静下来，我耳中能听到钢铁墙壁灵敏反射来的声音。这声音被再构造了，如在“柯替氏器”中一样。

我很幸运，有一张媒体通行证，这就意味着我能拿出数码录音设备，等到没有其他人的时候，拍手，听听是否有声学效应。在每个巨大的螺旋中都有一个横跨约 8 米的大型圆形舞台，在舞台中间是回声焦点。聚焦产生了仿佛加特林枪回声的响声，拍手声每隔 20 毫秒在我耳边“嗖”地飞过。在有些地方跺脚，声音反复回响，好像振动沿一条非常长的弹簧的上下传播。如我在本书第五章中提到的，有些地方的回音廊效果非常好，声音贴着钢铁的墙壁传播，能把我的声音高效地传递到另外一头。

其中效果最佳的是“蛇”，一座由三条又长又高的弯曲金属带组成的作品。这些金属带形成了两个狭窄的、长约 30 米的走廊。走廊

的走道只有约 1 米宽，这样狭窄的空间反射的声音为我的嗓音增色不少。我在雕塑里找到一个地方，在头上远处有一小块平坦的天花板，在这里发声，声音会在天花板和地面之间来回弹跳。声音还会沿着狭窄的通道传播，在尽头被其他雕塑反射，然后以漫射回声的形式回来。在正确的位置跺脚的效果让人极其满意，因为这个举动能制造媲美来复枪枪声的回响。我不是唯一一个享受这种声音扭曲效果的人，其他人在走过的时候会喊“你好”、“回声”和“嘘”。

彼得·丘萨克问伦敦人最喜欢哪个声音时，大家的回答大多是平凡的日常声音。这样的问题是私人化的，因此听到什么的语义学含义完败了声波的原始物理特性。如果让你现在暂停阅读，听听身边的声音，你能听到什么？我可以听到隔壁办公室里的说话声，雨落在外面人行道上的声音，和走廊里的脚步声。你也列出你听到的声音的来源名单了吗？我脑海中出现的是“说话声、雨声和脚步声”，而不是“咕哝、噼里啪啦和咯噔咯噔”。大部分时候，我们用声源和比喻性的意思描述所听到的，而不是他们本身的声音。

但是有时候那些声音的物理特性也是很重要的。响亮的爆炸声会让人迅速产生战斗或逃跑反应。飞机飞过头顶的声音也许不如爆炸的声音大，但是这种噪声仅从音量来说就足够淹没人的谈话声。音乐声就是一系列的抽象音调，但是它仍旧可以深深地影响我们的情绪，让我们感到喜悦、悲伤和爱。然而大部分情况下，对日常声音来说，重要的是声源。我们的大脑尽力辨别声源，随后我们对发出声音的物体的感觉会渲染我们的反应。如果你在城市广场上听到公交车的声音，你的反应很大程度上取决于你是否想要乘坐这辆车，或你对公共交通的态度：你认为公交车是浪费纳税人的钱堵塞交通，还是于大众有益的减少污染和缓解交通堵塞的方法？

这就是为什么彼得的问题“最喜欢的声音”能够令人注意那些从表面上看来没有任何美学吸引力的声音，比如，伦敦地铁里“小心空隙！”的广播，纽约警察巡逻车的警笛，或柏林塔街土耳其市场里摊主们报价的喊叫声。

对于最喜欢的声音的回答雷同者甚多，让我很吃惊。同样让我吃惊的还有安德鲁·怀特豪斯从通讯记者那里听来的有关鸟鸣声的故事。大部分有关城市声音和鸟鸣的故事都不是讲那些令人敬畏、吃惊或是最优美的对象的。它们不是可与泰姬陵、金门大桥或大峡谷争辉的声学奇迹，与此相反，它们是那些让我们回想起特殊地点和时间的声音，或是我们每天都会听到的声音。很多人提起车辆的声音。毕竟，在城市中穿梭是城市生活的重要部分。想象一下，如果研究人员提出的问题是最喜欢的伦敦的样子，被问到的人可能会列举那些好看的或吸引人视线的地方，比如圣保罗大教堂、伦敦眼或塔桥。大本钟的钟声是个例外，因为它既美观，又有深厚的历史、个人和社会意义。

彼得的这个“最喜欢的声音”项目运营超过 10 年，一些原本的声音已经消失。过去，火车到达伦敦的时候，乘客们下车时会产生一连串断断续续关门的砰砰声，在老式火车退役以后，这种声音就消失了。由于技术和产品的全球化，取代这些别具一格的声音的是在世界各地到处可闻的声音。很可惜的是，各地的城市发出的声音越来越相似，个性越来越少，就像各地的主要街道，它们看起来一模一样。

安德鲁·怀特豪斯发现，鸟鸣声会加强移民们身处异国之感。我在去香港旅行的时候有相似的感觉，但是引起这种感觉的不是鸟鸣。我对那里最强烈的声音记忆是人行道上和拥挤的购物中心里大群的菲律宾妇女唧唧喳喳聊天的声音。在汇丰大厦楼下有一个很大的室内广场，高音调的聊天声让这里显得特别生机勃勃。对于香港人来说，这是很普通的声音。家政工人们在周日汇集在市中心，摆开野餐毯，与朋友交谈。但是对我这样的外来者，这种声音引人注意，是特别和独特的香港一景。

在大厦下的半封闭空间扩大了妇女们聊天的声音，更增强了这种效果。的确是这样，标志性声音可以被城市的混凝土、砖块和石头创造，因为它们构成的空间使声音发生令人惊讶的变化。在本书第四章中说到过的格林威治河底行人隧道在伦敦的最喜欢的声音名单上出现，原因是人们喜欢在其中听到的扭曲的人声和脚步声的回响。

在听说意大利艺术家大卫德·蒂多尼，得知他在探索城市中隐藏的声音效果的时候，我意识到自己找到了一个声学方面的灵魂伴侣。在大卫德的一个项目中，他用刺破气球的方式让空间变得生动起来。短促、洪亮、有力的气球爆裂声是最理想的揭示声学特点的声音。对能见到他，我感到很幸运；他有时间来见我，是因为他在伦敦的工作被迫中断了一天，原因是巴比肯艺术中心的保安对他在附近刺破气球和录音的行为提出了抗议。

我决定带大卫德去曼彻斯特的运河周围走走，去看看那些形成于工业革命时期的路桥建筑，在边边角角、桥边拱下做声音采样。午餐后，我们中途去了一个商店买气球，之后到了洛奇代尔运河的纤道上。这条运河于 1804 年全线贯通，是第一条穿越东西英格兰的分界线、位于北方的奔宁山脉的运河。在一座肮脏的低矮拱桥下，我把数码录音设备放在地上，旁边不远处有一个被丢弃的避孕套。大卫德随后吹起了一个黄色的样子新颖的气球，形状像一个长形球根状的虫子，背上还竖立着几根刺。他手拿大头针，耐心等待桥上的车辆噪声消失。虫形气球炸开的爆响引起了一系列跳动的好似拨弦的回声，在拱桥下回荡。

我们在午餐的时候花了很多时间谈论不同类型气球的优点——这也是为什么我们这次尝试使用了样式新颖的虫形气球。但是在第一次实验过后，我们恢复使用普通圆形气球，因为它们爆炸的声音更短促、尖锐，能够更加鲜明地揭示声学现象。大卫德对我说，他的声学探索是有关与所处的空间建立关系的。他还说："最让人感兴趣的是，收听者以同样的姿态听同样的声音，但是由于不同的位置和感情状况，从而产生不同的客观感知。”

大卫德用刺破气球的方式增进人们对空间的认识，训练他们对声音的敏感度。记录他的这些行动的录像显示，在听到洪亮的炸响声时，人们开始的表现是警觉和退避——哪怕是用大头针扎破气球，知道爆炸马上要发生的人也是如此。之后，人们听到随之产生的奇怪音调和回响后或微笑，或发出咯咯的笑声，或难以置信地盯着看。大卫德把这些反应称为“表达情感的需要”。在一段录像里，一位年轻女子边大叫“哎呀天哪”边往上看，想要找出声音是从哪儿来的。这些反应让我们领悟听觉的作用过程。开始的惊吓反应是为了避免伤害而产生的无意识的反射。人会眨眼以保护眼睛，收缩肌肉环抱住自己以防身体受到打击。这种反射极为迅速，穿过很短的神经通路只用 10—150 毫秒。一旦大脑有机会正确地评价环境，意识到没有真正的危险，就出现了比较缓慢产生的第二种反应，比如咯咯地笑。

大卫德有一个绝妙的点子，就是声音礼物，他说：“我常邀请非常亲密的人来，然后一起去一个对我来说有特殊意义的地方，听那里的声音。”我与大卫德并不是很亲密，但是我们在曼彻斯特的旅行主要就是在寻找一个地方，我觉得，这个地方就是我给他的礼物。卡斯尔菲尔德码头建于 1765 年，位于布里奇沃特运河的末端。这段水道常被称为英格兰的第一座运河，在工业革命初期原本用来向曼彻斯特运煤。一座 19 世纪的铁路桥横跨在运河河港上，形成了一个高大、狭窄的桥拱。在桥拱下，声音反射的时间长到可笑。我们站在这座砖桥下拍手、大叫，徘徊不去的声音让我们迷惑不已。这个狭窄空间的声音反射时间比典型的音乐大厅长得多。

虽然有很多人喜欢，但是钟声也是人们常常抱怨的噪声。其中一个例子是位于萨默塞特郡灵顿村的圣徒教堂。这座教堂建于 15 世纪晚期，有一座正方形的塔，中间有一组钟，共 10 口。一个世纪以来，无论昼夜，这组钟每到一刻、半点、三刻和整点就敲响一次。但是在 2012 年春天，当地政府官员宣布这个教堂的钟声是法令所禁止的噪声妨害。幸运的是，双方达成妥协，夜间只在整点的时候敲钟。

必须要小心选择声音艺术品的安置地点，以避免出现相似的问题。我与安格斯·卡莱尔谈论过这个问题，他是伦敦艺术大学的声乐艺术实践专家。他提道："我们好像很能忍受建筑环境里的各种难看的东西，也能忍受建筑风格的混搭和乱搭……但是我的直觉是，在面对同样有创造性的声音的高度混合时，人们的同情心就没有那么多了。"

退休的学者托尼·吉布斯与我在电话中交谈时，也表达了相似的观点。我打电话给托尼，是因为他的著作是为数不多的有关声音艺术的专业书籍之一。他认为，大型公共声音艺术品须同其他艺术品一样进行大胆的声音表达——也就是说，要发出大量的噪声。正如托尼所说的："作为公众，作为一种文化，我们不喜欢大量的噪声……如何让人们将噪声看做艺术是一个大问题。"那些雄伟的视觉艺术，比如高达 120 米的窄形建筑都柏林尖塔，如果人们不喜欢它的样子，只要不看它就行了。屏蔽声音艺术得需要戴付耳塞。

很可惜公共声音艺术品相对较少，因为世界上大部分的标志性形象是雕塑：纽约的自由女神像，埃及吉萨的守卫金字塔的斯芬克斯像，和俯瞰里约热内卢的基督像。近几十年来，英国各地政府都开始将注意力放在公共艺术上，把它当做凝聚社区，发展旅游，以及帮助或象征复兴的方式。这导致了很多令人惊叹的作品的问世，例如，安东尼·戈姆利的“北方天使”（Angel of the North）。这座巨型作品的翅展比大型喷气式飞机还要宽，带着锈迹俯视英格兰盖茨黑德市。艺术家有没有可能创造出能与这座庞然大物比肩的声音艺术品，能够定义一个地方的永久性公共声音艺术？能够匹敌大本钟标志性声音的作品？安格斯·卡莱尔认为，声音艺术没有理由不能创造“某个地点与耳中所闻的声音之间标志性的情感联系”，不过，他觉得声音艺术尚在幼年期，在获得永久性授权之前，它还需要拥有更大的影响力。

如果公共声音艺术发出有旋律的声音，而不是喧闹的噪声，人们是不是更能接受它呢？在美国加利福尼亚州兰开斯特市近郊就有一座声音标志，发出罗西尼的《威廉·退尔序曲》的演奏声。奇怪的是，它不含有任何电子产品。这是一条音乐公路，通过车轮的振动创造出乐曲。它有点像振荡标线，即在主要道路一侧设置的隆起线条，在车辆压过时产生嗡嗡声，警示司机注意前方情况。音乐之路不像振荡标线那样隆出地面，而是在路面切割出沟槽，但是制造声音的方法是相似的。音调的音高取决于司机开车的速度和沟槽的密度，沟槽密度大，音符音调就高，褶皱之间的间隔大，声音频率就低。这条在兰开斯特附近的公路将振荡标线进一步改造，通过改变沟槽的间隔，让它按照特定样式排列，创造出旋律。

这些褶皱最初是为了一则汽车广告刻制的，灵感可能来自于韩国和日本的十几条音乐之路，或者是丹麦艺术家在 20 世纪 90 年代创造的作品阿斯法尔托芬（Asphaltophone）。我决定去兰开斯特亲自感受那儿的音乐之路。

那是一个 6 月的星期六，距我在曼彻斯特刺气球已经有 6 个月时间。我离开 14 号公路，向西走上 G 大街。这条街距离城市几英里远，道路平坦、平凡无奇。汽车开了一小段距离后，只见一块白色的路牌立在一排树前，上书“兰开斯特市为您奉献——音乐之路。请走本车道↘”随着轮胎滚动，几个音符开始产生，我因为这个特别逗乐的发明笑了起来。每当轮胎撞击路上的沟槽，整个轮胎产生一次短暂而明显的振动，振动随后传到车的悬挂系统，最后进入车体内。在车里，你听到的是车内部的振动引发的声音。这段路演奏了《威廉·退尔序曲》的 8 个小节。《瑞士士兵进行曲》是一段节奏极为紧凑的乐曲，音乐之路演奏的是主旋律中的第一个乐句。

我调转车头往回开，打算再来一轮。在之后的一个小时里，我驾车轧着这条路上的沟槽跑了 6 趟，同时在车内的不同的地方用麦克风录音。最后我发现，仪表板下面的储物箱是最佳的录音地点。在那个地方，麦克风与使得曲调更响的车内饰物的振动部分距离很近，同时又与汽车破空前行时产生的高频风声隔离。汽车的定速巡航装置在保持匀速方面很有用，保证了车辆在前进过程中，曲调不加速也不减慢。

由于轮胎和车身在振动，它们同时散射车外和车内的声音。哪怕在普通的、没有沟槽的路上，轮胎也会在滚过路面的时候发出噪声。人们用了大量努力研究减少这种声音的方法。当我站在路中的双向交通分隔带时，可以清楚地听到驶过的汽车发出的乐声，而看到司机的微笑和听到音调音高的来回滑动更增添了我的乐趣。我站在发出第一个音调的沟槽那里，从汽车开始奏乐听到汽车在远方消失，感觉第一个音符好像是在叹息，因为它的音高低了三个半音。这就是多普勒效应，常出现这种现象的是警笛和飞速移动的火车。随着汽车在音乐之路上离我远去，声波伸长并且频率下降。我很想制作更多的录音，尤其是两辆不同车速的车在音乐之路上行驶的录音，因为其结果将是两个音高不一致的演奏的冲撞。但是，那天的风大到让我站立不稳，狂风吹过麦克风，产生了太多噪声，导致录音效果很差。

我给很多人播放了这段音乐之路的录音，大部分人听不出这是什么曲调，虽然这段曲子是很有名的古典乐曲，而且是电影《独行侠》（The Lone Ranger）的主题曲。这段音乐的问题是，大部分音符曲调的频率都不对。物理学家大卫·西蒙斯 - 达芬（David Simmons- Duffin）在他的博客文章中幽默地说，设计者之所以把调音搞砸了，是因为他们把沟槽的间隔弄错了。发出曲子开始时的那个最低音符的，是最靠前部分的沟槽，它与相邻沟槽间的平均距离约 12 厘米，如图 8.10 所示。

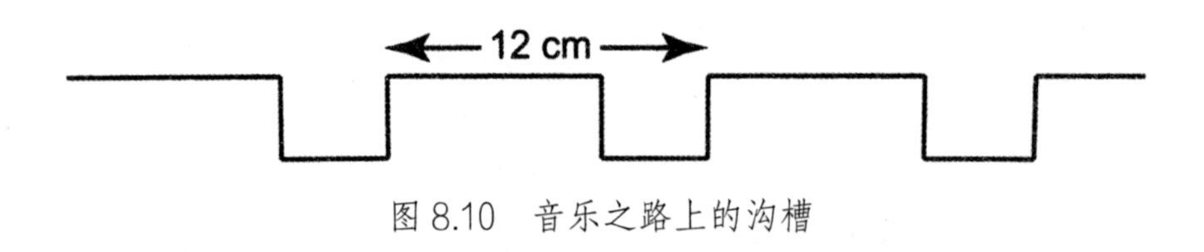

图 8.10　音乐之路上的沟槽

沿音乐之路前行，36 个音符之后，曲调到达高点，那时的音符应该比第一个音符高八度。一个八度使声音频率翻一番，因此汽车轮胎需要以原本两倍的频率碰撞沟槽，也就是说，沟槽之间的距离应该减半到 6 厘米。但是在音乐之路上的间隔实际上是 8 厘米。这就意味着，发出的声音的音程不是八度，而更接近音乐家们所称的纯五度。我们在学音程的时候，学会了将它们同特定的曲调联系在一起。因此司机们听到的开始的两个音符不是如《在彩虹之上》（Somewhere over the Rainbow）一曲中那样大幅跳跃，而是像电影《火战车》（Chariots of Fire）主题曲开始的两个音符。

如果音程是标准的纯五度，那么仅仅是令人失望的曲调误弹。但是旋律之所以难听到极点，是因为在音符之间出现了其他声音的频率，因此这段音乐之路发出的音乐是走调的。对大部分音乐来说，确保音符处在特定的音程，排除音符之间不同频率的声音是非常关键的。理论上，像长号这样的带有滑动塞的乐器，可以产生其演奏范围内任何频率的声音。在几乎任何有音乐演奏活动的文化里，都会有纯八度的身影。人类的大脑能够很快处理音高重复的频率，原因是跨度八度的两个音符共用一个神经通路。一些其他动物也是如此。受过训练的恒河猴可以分辨简单的节奏清晰、跨越八度的旋律，例如，《祝你生日快乐》。八度音程可以被分隔为更多音符。在西方音乐中，八度音程被分为 12 个更小的音程，被称为半音程，旋律用这些半音程的子集构成一个音阶。但是在亚洲音乐，例如，印尼的佳美兰音乐中，却不是这样。佳美兰音乐中的斯连德罗阶（sléndro）将八度分为五个音符，产生出的声音与钢琴黑键奏出的声音相似；培罗格阶（pélog）使用 7 个不平均的音程。因此，旋律中的音符不仅取决于大脑的先天处理，还取决于人已学习的声音的信息。所以，音乐之路所制造的频率与我知道的任何音符都不相符，但是也许在有的文化中，它的演奏与音调完美吻合。

虽然作为游客站在路边上听音乐之路的演奏是挺有趣的，但是想象一下住在附近的人。我去参观的路其实是第二次修建的音乐之路。第一条路距离民宅太近了，据报道，居民布莱恩·罗宾说：“晚上这条路发声的时候，会把你从沉睡中惊醒。我妻子每天晚上都会被它吵醒三四次。”那条路发出的音乐声肯定是特别让人讨厌的。想象一下每晚上床的时候，耳边每隔几分钟就传来一段混乱不清的《威廉·退尔序曲》时的情景。

很多处理噪声扰民的规范和法规都对声音有严格的定义标准，即有清晰音符的声音。虽然大脑有很卓越的能力，能够适应嘶嘶声和隆隆声，却很难忽视有音调的声音。这也是为什么钟声在几个世纪以来都被用做信号音：洪亮的钟鸣穿透力强，而且很难被忽视。

在从大本钟的钟楼下来的路上，我参观了大钟的机械装置所在的房间。与大本钟一样，它的机械装置也发出一系列美妙的声音，包括风调节器的喧闹声。风调节器是控制沉重的钟锤在塔内下降速度的装置。调节器由数个巨大的叶片组成，与风向机械装置反向快速转动，发出的声音听起来好像加大马力的、老式的发声足球玩具。机器革新了我们听到的声音，但是就这样认为所有的噪声都是不好的，认识就太过简单了。我们将在第九章中谈到，技术产生未来的声音奇迹。

第九章　未来奇迹

工业革命以来，我们的耳朵越来越多地遭到技术和工程所制造的声音和噪声的轰炸。我们如今听到的大部分声音，从开水壶的咕噜声，到提示新电子邮件的叮当声，再到真空吸尘器的轰鸣声，都是人造的。这些声音往往是功能性物品不重要的副产品，但是越来越多的制造商们开始有意地操控顾客所听到的内容，以达到提高顾客满意度和增加销售量的目的。

当你在展厅看到一辆汽车，你对它最初的声音印象不是发动机的轰响，而是你在上车的过程中，开关驾驶员车门听到的开门的咔嗒声和关门的砰声。大约在 10 年前，汽车制造商意识到如果汽车造价很低的话，车锁和车门铰链会发出尖细的格格声。为了在可能发生的事故中减少伤害，新安全标准要求制造商安装更加粗壮的车门防撞杆，为了弥补这一改变造成的车身重量的增加，汽车其他部分的重量被减少，包括车门铰链。感知测试显示，人们总将品质优良的产品与加重的低音联系在一起，这也许是因为大型物品都比较有力量，发出的声音的频率也比较低。为了消除门轴发出的尖细噪声，制造商在车门的缝隙里加入了吸音的材料以减弱高频声音，更换了门锁装置，让关门时发出的声音是更短的、听起来质量更佳的砰声。

那么那些本身不发声的电子装置呢？它们经常会模仿旧式机械装置的声音。用数码相机拍照的时候，你会听到旧式胶卷相机的快门声的录音。

我的智能手机在用触屏拨号的时候，发出老式按键电话的按键声。使用其他燃料的引擎取代汽油发动机是一件有可能完全改变我们的声音世界的事件。然而，有人害怕混合动力车和电动汽车在低速的时候发出的声音太小，路人听不到有车接近。

汽车公司正在试验，使用引擎盖下面隐藏的扩音器发出噪声以警告路人。但是他们应该用什么声音呢？唉，还得用一些路人能马上联想起汽车的声音。尼桑公司选用的声音可能会让你联想到电影《星球大战》中卢克·天行者的塔图因星飞行器。不过，一个科学实验显示，与嘶嘶声、嗡嗡声和汽笛声相比，人们更喜欢内燃机的声音。虽然很多技术已经被淘汰，但是它们的声音作为文化遗产留存了下来。正如《新科学家》杂志的一位通讯记者所写："想象一下，如果这种采用熟悉的声音的观念很久前就出现，会出现什么状况。汽车会不会发出马蹄声，而不是新奇又令人困惑的内燃机的嗡嗡声？"

那么，在没有旧式技术可供模仿的情况下，该怎么办呢？有时候电子设备制造商会求助于音乐家。在接到要求，为 Windows 95 谱写启动音乐的时候，作曲家布莱恩·伊诺收到的具体说明中有大约 150 个形容词："这段音乐应该是给人灵感的、性感的、充满活力的、有煽动性的、怀旧的、感性的……"这是一个极有挑战性的要求，特别是在这段音乐片段"长度不得超过 3.8 秒"的情况下。

在设计简短的功能提示音的时候，设计师们可能会创造一种咔嗒声、哔哔声或嗡嗡声。他们通常先录下一段天然声音，然后用软件处理录音。经过声音处理的最终结果让人几乎分辨不出来它与原音的相似之处，但是用真实声音作为初始音，使得这个完成品有了天然声音的复杂特质，让其具有可信性。苹果手机的“屏幕解锁”音听起来就很像莫尔扳手夹柄打开时的咔嗒声和弹簧声。最佳的功能提示音，是那些与数码装置的大小相配的声音，也就是说，它们会采用相似体积的机械装置可能会发出的声音的频率。在声音与功能搭配得好的情况下，电子物品也能让人产生使用机械装置的感觉。

我们的听觉环境越来越多地被商业化的声音密集轰炸，这让我感到不安。技术的全球化也导致了噪声附带性的一致化，而噪声构成了我们的生活背景音乐。虽然电子产品可以改变和订制声音，声音的泛滥却不一定是个好主意。我还记得个性手机铃声制造的那些刺耳的杂音，还好现在这种铃声不那么流行了。让我建议的话，“个性化”应该使用与当地文化和历史相呼应的元素，并且应当集体同时进行。也许曼谷的电动汽车可以重现当地载客三轮摩托的噗噗声，曼彻斯特居民可以把手机铃声改成纱厂的咔嗒声，因为在工业革命时期，是纱厂让这个城市产生了翻天覆地的变化。

在几十年后，回头看现在，如今科技产品的声音到时候会是让人怀念的声音奇迹。我肯定这会发生，因为它曾经发生过。一听到“乓”（Pong）游戏中的只有两个音调的哔哔声，我就想起十几岁时在朋友家玩计算机游戏的时光。从人们对鸟鸣声的反应我们了解到，引发怀旧情绪的声音不仅有最不寻常或最美妙的声音，还包括与强烈个人记忆有关的日常声音。在未来，也许夫妻间不仅有“我们的曲子”，还会有“我们的电子哔声”。他们还会喜爱脸谱网的消息提示音，因为那代表了爱人的来信。

一开始建筑声学吸引我的地方，是其中物理的客观性以及感知的主观性的融合。工程师们可以用复杂的计算机程序模拟声波传播的物理过程，但是如果收听者认为音响效果不好，觉得不能接受他们听到的声音，那工程师所做的一切都不算数。在宏伟的音乐厅，听众会判断室内的音响效果是否对他们欣赏音乐有所增益。在嘈杂的学校食堂，学生们会因为听不清朋友说话而感到气恼。科学家们已经弄清了听力的生理原理，但是尚未完全了解在那之后大脑如何处理声音和在感情上如何对其产生反应。虽然在知识上还有巨大的缺口，计算机模型仍旧是极其宝贵的工具，它让工程师们可以计算出要减少学校食堂噪声需要多少吸音材料，或为增强音乐要建造什么形状的音乐厅。同时，科学家们正努力改进模型，预测大脑处理声音的过程。

在所有我参观过的建筑声音奇迹中，让那些最非凡的地方与众不同的，是在发出最初的气球爆裂声、拍手声或枪声之后发生的事情，尤其是有些现象让我对已知物理知识产生了困惑，乃至我对那个地方的印象极为深刻。心理学家和神经科学专家刚刚开始明确人的预期在对声音的反应上起到的决定性作用。常见的例子就是音乐。在乐曲中，作曲家通过推翻收听者的预期，让他们的感情跟着起起落落。科学家测试过这个猜想，他们将乐曲中的音符或者和弦改变为令人吃惊的内容，同时测量受试者皮肤传导性的变化。意外的音符让收听者的出汗量些许增加——这是产生情感反应的生理学证明。在我感知因希当石油储罐里的枪声时（见第一章），被推翻的预期就起到了非常重要的作用。我预想到回响的时间会很长，但我还是被那如海啸一般包围我的声音，以及漫长到可笑的回响时间震惊了。打开建筑声学书籍，找到回响时间表，里面有教室、音乐厅和大教堂的回响时间，但肯定没有一个能接近与我在因希当测量到的数值。在这个秘密的深山中的基地里，我觉得自己像一个世纪之前的有绅士派头的探险家。

我通过了通往沾满石油的水泥洞的入口——一段幽闭、狭窄的管道，揭示了这令人敬畏的回响的存在。当然，我也感慨这段经历的独一无二：之前从没有人像我这样测试过音响效果。

我发现，在那些荒废的建筑物、废弃的军事设施和工业设施的残留部分中能听到最不寻常的音响效果。在唐克斯特附近的索普马什发电厂的废弃的冷却塔产生的声音奇迹让我大为困惑。这座发电厂在 1994 年关闭，但是那些高耸的沙漏状砖塔都保留下来。有人发电子邮件给我，建议我参观这座退役的发电厂，说这些高 100 米的塔内可以制造“极好的”回音。他还提到这个地方没有保安，因此可以从附近的道路直接进入厂区。参观过所有其他的声音奇迹后，在一个秋日，我带上录音设备，驱车去往发电厂。有了托伊弗尔斯贝格雷达天线罩的经历，我能想象在冷却塔可能听到的声音效果：回音在头顶上方的建筑物中心聚焦，回音廊效应在塔内边缘出现。我还带上了萨克斯，因为想到试着与回音即兴合奏应该挺好玩的，并且想看看这种环境会对乐器演奏者产生什么影响。

但是，这段旅程以失败而告终。塔的残留物只剩下一些高耸堆砌的橡胶。在被人遗忘了 18 年后，它们在一个月前被拆除了。在失望地驾车离开时，我想起了威尼斯凤凰剧院的故事。它是世界上声效最好的剧院之一，于 1996 年付之一炬。幸好，在被焚毁的两个月前，有人为剧院的演出制作了双声道立体声录音。双声道立体声在测量过程中使用假人，多个麦克风被安装在假人的头部侧面，接收真人收听者一般情况下会通过耳道听到的声音。与普通的立体声录音不同，这种类型的录音可以给人身处现场的真实感。威尼斯剧院的双声道立体声录音为剧院重建提供了有用的信息。

目前记录声音现象的主要对象是体育场、教堂以及类似巨石阵这样的古代场所。通过记录这些声音足迹，我们一方面可以将录音传给后代，另一方面可以通过在虚拟现实中播放录音，让人们重温这些地点的旧貌。但是我们也应该保存较为近代的地点的优秀音响效果。在柏林托伊弗尔斯贝格监听站的房顶上有三个雷达天线罩，但是其中的两个已经严重损毁。有没有人在它也被毁坏，声音再不可闻之前，捕捉那里独特的声音效果呢？文化遗产组织需要认识到，光用语言和图片记录地点是不够的，声音也很重要。肯定还有其他在人类发展过程中遗留的碎片，其中藏匿着等待被发现的声音奇迹。而且无疑的是，在我写这本书的同时，新的建筑在无意间制造着未来的声音奇迹。

虽然本书的内容是寻找最不同寻常的声音，但我注意到，处处留心非凡的声音让我乐在其中，并且更加关注普通声音。在莫哈维沙漠，我第一次真正注意到常绿树木的呼啸声。现在在家附近散步的时候，我会注意去听街边悬铃木发出的沙沙声，我甚至喜欢上了风吹过莱兰柏的声音——那可是荼毒郊区居民耳朵的罪魁祸首。有一天早晨，为了听到麻鸦洪亮的叫声，我特地很早就起床了。这种鸟的叫声可是全英国最奇怪的鸟鸣声。最近在骑自行车上班的途中，我会边在汽车之间躲避穿梭，边听鸟鸣声的片段。我现在能够欣赏各种类型的水流声，从冰岛戴提瀑布让人胆战心惊的轰鸣，到本地城市公园里小溪的微澜轻响。

一定还有其他天然的声音奇迹等待人类的聆听。每周都有新的物种被发现，它们中每一种都能听到声音或感知振动，因此新的动物声音一定会出现。对业余自然学家来说，这是个找出这些声音并留下录音的良机。可以录音的摄像机或手机越来越普及，如今很多人都会随身携带可以捕捉声音奇迹的科技产品，并把所得与家人和朋友分享。动植物新的自然习性将会被发现，例如，藤蔓植物进化出来的吸引蝙蝠前来授粉的方式（见第三章），和它们利用声音的新方式。

我所在大学的无回音室总能在来访者中造成轰动，这是因为其中的无声状态能让他们听到自己的心脏跳动声以及自己的心声。我一直觉得，如果在购物中心里有一个这样的房间就好了，那样更多的民众就能体验这种寂静。我还想，用透明墙壁建成的无回声室会更有乐趣。现在已经至少有一座由巨大的玻璃墙构成的音乐厅了，为什么不能建间同样的无回声室呢？要做到这一点，必须将传统设计中覆盖无回声室内部表面的楔形泡沫材料，换成透明的吸音材料。由于当下建筑的流行趋势就是使用大量玻璃，很多人都对透明的声音处理材料很感兴趣。这种材料可以用打孔的塑料制成，它有点像过去购买刚出炉的新鲜面包时所用的沙沙响的塑料食品包装袋。这种材料削弱声音的效果并不是特别好，但是可以通过弯曲透明无回音室的墙壁，使其呈金鱼缸壁的形状，将所有反射回来的声音引导到收听者头部上方的位置。在这样的房间里，你可以在完全的无声状态中暂时摆脱城市生活，同时还能看着其他人大包小包的提着购物袋走过。

对我来说，索尔福德大学的常规无回音室已经变成了一个做科学实验的普通房间。部分原因是我的大脑自动适应了里面的无声效果，但是也因为我习惯了它的存在，把它想当然了。我之所以开始收集声音奇迹，就是因为意识到自己需要重新发现听的能力。为了唤醒我的耳朵，我进行过寻声漫步，参加了无声静修，还曾泡在盐水里漂浮。一路走来，我有机会与给人灵感的艺术家、录音师和音乐家面对面，他们展示出的对听觉的敏感和理解令人羡慕。他们教给我很多东西，让我意识到科学家和工程师需要更多地与他们交流，并更多地倾听周围的世界。我希望所有人都能打开耳朵，倾听身边的奇怪声音。在研究接近尾声的时候，我发现自己已经改变。如果我们都能注意听身边的声音奇迹，并致力于保护它们，就像我现在努力做到的，我们就已经开始建设一个更加悦耳的声音世界。